W0275288

H. Johann

Elektrische Schmelzsicherungen für Niederspannung

Vorgänge, Eigenschaften, technischer Einsatz

Mit 44 Abbildungen

Springer-Verlag
Berlin Heidelberg New York 1982

Dr. phil. Hans Johann

ehem. Mitarbeiter der Siemens AG,
Bereich Installationsgeräte und Beleuchtungstechnik, Regensburg

CIP-Kurztitelaufnahme der Deutschen Bibliothek

Johann, Hans: Elektrische Schmelzsicherungen für Niederspannung: Vorgänge, Eigenschaften, techn. Einsatz/ H. Johann. — Berlin; Heidelberg; New York: Springer, 1982.

ISBN 978-3-540-11741-4 ISBN 978-3-642-52223-9 (eBook)
DOI 10.1007/978-3-642-52223-9

2362/3020 5 4 3 2 1 0

Vorwort

Für die Betriebssicherheit einer elektrischen Niederspannungsanlage ist ein ausgewogener Überstromschutz unentbehrlich. Unter den üblichen Schutzgeräten nehmen Schmelzsicherungen nicht nur anteilsmäßig, sondern auch durch ihr Funktionsprinzip eine besondere Stellung ein. Bisher fehlte aber noch eine zusammenfassende Darstellung in deutscher Sprache. Diese Lücke soll durch das vorliegende Buch soweit als möglich geschlossen werden. Thematischer Schwerpunkt sind dabei die Niederspannungs-Hochleistungssicherungen.

Nach den Erfahrungen einer langjährigen Praxis wurde besonderer Wert darauf gelegt, die physikalischen und technischen Grundlagen, die für alle Sicherungsarten in etwa gleicher Weise gelten, leicht verständlich darzustellen. Besonders das Kapitel über die Sicherungen in Niederspannungsnetzen mag für manchen Leser eine willkommene Einführung in ein für ihn fremdes Gebiet sein.

Dieses Buch kann nicht nur nützlich sein für den Fachmann bei der Entwicklung und Fertigung von Sicherungen und bei der Bearbeitung von Normen, sondern es kann auch dem Praktiker eine Hilfe bei Projektierung und Betrieb bieten.

Die Abfassung dieses Buches wurde durch Unterstützung der Siemens AG ermöglicht. Der Verfasser dankt ferner insbesondere Herrn Dipl.-Ing. Jürgen Knorr für die Anregung und Ratschläge zur Bearbeitung des Themas und Herrn Dr.-Ing. Klaus Möllenhoff für wertvolle Diskussionen und Hinweise.

Regensburg, im Juli 1982 H. Johann

Inhaltsverzeichnis

Symbolverzeichnis

Formelgröße	Bedeutung	Einheit
A	Querschnitt	m^2
b	Breite	m
c	Umfang	m
c	massenbezogene spezifische Wärmekapazität	$J\,kg^{-1}\,K^{-1}$
c_K	Abbrandkonstante nach Kroemer	$m^3\,A^{-1}\,s^{-1}$
c_*	volumenbezogene spezifische Wärmekapazität	$J\,m^{-3}\,K^{-1}$
C	Wärmekapazität	$J\,K^{-1}$
C	elektrische Kapazität	F
C	konstanter Zahlenwert in der Plasmagleichung (6/9)	—
d	Dicke	m
D	Durchmesser	m
E	Engpaßkoeffizient	—
E	elektrische Feldstärke	$V\,m^{-1}$
f	Frequenz	Hz
F_K	Kontaktkraft	10 N
F_{KA}	F_K auf eine beliebige Kontaktfläche	10 N
$g = c_K/2$	Abbrandkonstante einer Elektrode	$m^3\,A^{-1}\,s^{-1}$
H	Härte	$10\,N\,mm^{-2}$
I	elektrischer Strom	A
I_d	größter Dauerstrom	A
I_f	Strom, der innerhalb t_c unterbrochen werden soll	A
I_g	Grenzstrom (Abschnitt 5.2)	A
I_m	Strom im Zeitpunkt des Unterbrechens	A
I_{m1}	I_m bei relativ längerer Schmelzzeit	A
I_{m2}	I_m bei relativ kürzerer Schmelzzeit	A
I_{min}	kleinster Strom, bei dem eine Sicherung noch unterbricht	A
I_{nf}	Strom, der innerhalb t_c nicht unterbrochen werden soll	A
I_N	Nennstrom	A
I_p	prospektiver Strom	A
I_p^*	I_p als Schwellenwert der Strombegrenzung (Abschnitt 5.5, s. „Schwellenwert“)	A
$I_{T/2}$	Effektivwert des Stromes für $t_{mv} = T/2$	A
J	Stromdichte	$A\,m^{-2}$
$k = 8{,}617 \cdot 10^{-5}$	Boltzmann-Konstante	$eV\,K^{-1}$
$k = \int J^2\,dt$	Wert der elektrothermischen Materialfunktion nach (3/25)	$A^2\,m^{-4}\,s$
k_1	ihr Anfangswert	$A^2\,m^{-4}\,s$

Formelgröße	Bedeutung	Einheit
k_2	ihr Endwert	$A^2\,m^{-4}\,s$
k_m	ihr Wert bei Schmelztemperatur	$A^2\,m^{-4}\,s$
Δk_m	Stromdichteimpuls für adiabatisches Schmelzen unter bestimmten Bedingungen	$A^2\,m^{-4}\,s$
$K = \int I^2\,dt$	Stromimpuls	$A^2\,s$
ΔK_m	Stromimpuls für adiabatisches Schmelzen unter bestimmten Bedingungen	$A^2\,s$
l	Länge	m
L	Induktivität	H
m	Masse	kg
n	Anzahl	—
N	längenbezogene Anzahl	m^{-1}
p	Druck	bar
P	Leistung	W
P_m	kleinste Leistung zur Einleitung des Unterbrechens	W
r	Radius	m
R	elektrischer Wirkwiderstand	Ω
R_E	Widerstandserhöhende Wirkung eines Engpasses	Ω
R_{KP}	Widerstand eines einzelnen Punktkontaktes	Ω
R_w	Wärmewiderstand eines Körpers bei ausschließlicher Wärmeleitung	$K\,W^{-1}$
R_{wS}	Wärmewiderstand bei Wärmeübergang über die Oberfläche	$K\,W^{-1}$
S	Oberfläche	m^2
t	Zeit	s
t_a	Lichtbogenzeit	s
t_c	festgelegte Beobachtungszeit	h
t_m	Schmelzzeit	s
t_{mv}	virtuelle Schmelzzeit	s
t_m^*	Schmelzzeit bei I_p^*	s
T	thermodynamische Temperatur	K
T	Dauer einer vollen Periode einer Wechselspannung	s
U	Spannung	V
U_a	Spannung am Lichtbogen	V
U_c	Quellenspannung	V
U_L	Spannung an L	V
U_R	Spannung an R	V
v	Geschwindigkeit	$m\,s^{-1}$
V	Volumen	m^3
W	Arbeit, Energie	J
W_m	Energie des Stromkreises im Zeitpunkt des Schmelzens einer Sicherung	J
W_m^*	W_m bei I_p^*	J
W_a	Arbeit des Lichtbogens	J
W_i	Ionisationsenergie	eV
α	Wärmeübergangskoeffizient	$W\,m^{-2}\,K^{-1}$
α	Temperaturkoeffizient des spezifischen Widerstands	$\Omega\,m\,K^{-1}$
β	Korrekturfaktor zu I_{m2} bei Wechselstrom	—

Formelgröße	Bedeutung	Einheit
γ	Füllgrad	—
ε	Sinterkörperverhältnis	—
ϑ	Temperatur	°C
ϑ_u	Temperatur der Umgebung	°C
$\varkappa$	Stoßfaktor bei Wechselstrom	—
λ	Wärmeleitfähigkeit	$W\,m^{-1}\,K^{-1}$
λ	periodisch wiederholter Mittenabstand	m
λ_R	Rohrreibungszahl	—
ν	Hilfsgröße zu Bild 5/7a, 7b	—
$\xi = (A/c)/\text{m}$	normierter Profilkoeffizient	—
ϱ	Dichte (bei nichtelektrischen Vorgängen)	$kg\,m^{-3}$
$\varrho = 1/\sigma$	spezifischer elektrischer Widerstand	$\Omega\,m$
$\bar{\varrho}$	mittlerer spezifischer Widerstand über die Länge	$\Omega\,m$
ϱ_C	ϱ unmittelbar nach primärem Zerfall	—
ϱ_{C1}	ϱ_C bei $\xi = 1$	—
σ	elektrische Leitfähigkeit	$S\,m^{-1}$
τ	Zeitkonstante	s
φ	Phasenverschiebungswinkel bei Wechselstrom	Grad
ψ	Einschaltwinkel bei Wechselstrom	Grad
$\omega = 2\pi f$	Kreisfrequenz	—

Indizes

a	Lichtbogen
b	Kugel, Sandkorn
c	Stromkreis
k	Kapillare
K	Kontaktfläche
m	Schmelzen
min	Kleinstwert
N	Nenngröße

Bei temperaturabhängigen Größen:

ϑ	Temperatur in °C, ggf. als Zahlenwert

Bei zeitabhängigen Größen:

0	Zeit 0
1	Anfangswert
2	Endwert

1 Einleitung

Unter den Mitteln, die für den selbsttätigen Schutz von elektrischen Anlagen und Geräten gegen die Folgen unzulässig hoher Ströme verwendet werden, nehmen Sicherungen durch ihr Funktionsprinzip eine besondere Stelle ein. Nach internationaler Normung [1/1] sind es Schaltgeräte, die Stromkreise selbsttätig ausschalten, wenn entsprechend bemessene Teile ihrer Strombahnen infolge eigener Stromwärme schmelzen und unterbrochen werden. Eine Fähigkeit zum Einschalten wird nicht vorausgesetzt.

Die Bezeichnung „Sicherung" entstand in Analogie zu Sicherheitsvorrichtungen beliebiger Wirkungsweise in anderen technischen Bereichen. Eine korrekte Unterscheidung gegenüber Geräten anderer Wirkungsweise, die ebenfalls für Zwecke der elektrischen Sicherheit verwendet werden, wäre durch die Bezeichnung „Elektrische Überstrom-Schmelzsicherung" möglich. Im deutschen Sprachgebrauch ist jedoch die kürzere Form „Sicherung" so üblich geworden, daß im allgemeinen keine Verwechslungsgefahr besteht. Im Englischen und in romanischen Sprachen wird die Bezeichnung (z. B. fuse, fusible) vom Schmelzvorgang abgeleitet.

Im Laufe der vor etwa 100 Jahren begonnenen Entwicklung hat sich allmählich die sogenannte „geschlossene" Sicherung durchgesetzt, bei welcher der Ausschaltvorgang in einem nach außen dicht abgeschlossenen Raum stattfindet. Ihre Bauformen und wichtigsten Abmessungen werden durch ihren Verwendungszweck bestimmt, der von Nennspannung und Nennstrom abhängt, siehe Tabelle 9/1. Im allgemeinen bedingen höhere Nennspannungen größere Längen, höhere Nennströme größere radiale Abmessungen des Schaltraumes. Sieht man von den sogenannten „offenen" und „halbgeschlossenen" Sicherungen ab, auf deren Behandlung aber hier verzichtet wird, so bedeutet die Einteilung nach Tabelle 9/1 keine Abgrenzung nach verschiedenen Funktionsprinzipien. Vielmehr gelten für alle Arten geschlossener Sicherungen die gleichen physikalischen Grundlagen, mit geringen Ausnahmen bei Geräteschutzsicherungen.

Die Literatur über Sicherungen besteht fast nur aus einer großen Anzahl von Einzelarbeiten, was dem Nichtspezialisten die Übersicht sehr erschwert. An zusammenfassenden Darstellungen gibt es nur ein kleines Buch von H. W. Baxter [1/2] aus 1950, das im wesentlichen über Untersuchungen bei The

British Electrical and Allied Industries Research Association (E.R.A.) bis etwa 1950 berichtet, und eine ausführlichere Darstellung in Buchform von T. Lipski [1/3] aus 1968. Beide beschränken sich im wesentlichen auf Niederspannungssicherungen. Eine Bibliographie von H. Läpple [1/4] aus 1952 enthält Auszüge aus den international bis 1950 veröffentlichten Arbeiten über alle Sicherungsarten mit einer kurzen systematischen Zusammenfassung. Insoweit ergänzt es [1/2]. Es wird 1967 von H. W. Turner und C. Turner [1/5] fortgesetzt. Eine weitere Bibliographie von L. Vermij [1/6] aus 1969 enthält eine Auswahl und Einteilung von Einzelarbeiten auch über Hochspannungssicherungen nach ihrer noch vorhandenen Bedeutung. [1/7] enthält eine Übersicht über die Ergebnisse polnischer Arbeiten 1960—1969.

1.1 Literatur

1/1. Low voltage fuses with high breaking capacity for industrial and similar purposes. Part I: General requirements (Franz., Engl.). IEC-Publ. 269-1, 1. Ausg. 1968, 1973
1/2. Baxter, H. W.: Electric fuses (Engl.). London: Arnold 1950
1/3. Lipski, T.: Niederspannungssicherungen (Pol.). Warschau: WNT 1968
1/4. Läpple, H.: Electric fuses. A critical review of published information (Engl.). London: Butterworths 1952
1/5. Turner, H. W.; Turner, C.: Advances in electric fuses (Engl.). E.R.A.-Rep. (GB) Nr. 5228 (1967) 1–83
1/6. Vermij, L.: Selected bibliography of fuses (Engl.). Eindhoven Univ. Technol. Netherlands Rep. TH 69 E 08 (1969)
1/7. Dzierzbicki, S.: Research status in Poland in the field of switches and fuses (Pol.). Przegl. Elektrotech. (Polen) 46 (1970) 451–456

2 Sicherungen in Niederspannungsnetzen (Überblick)

2.1 Allgemeines

Obwohl Sicherungen entsprechender Bauweise sich seit langer Zeit auch in Hochspannungsanlagen bewährt und dort einen festen Platz gefunden haben, werden Sicherungen vor allem in Niederspannungsanlagen verwendet, der Anzahl nach überwiegend in der Hausinstallation. Wenigstens gleich wichtig sind Sicherungen für den Betrieb von Niederspannungs-Versorgungsanlagen verschiedener Art, hauptsächlich für die Verteilungsnetze der Elektrizitätswerke, für Industriebetriebe und für besondere Verwendungszwecke, etwa für elektrische Bahnen oder für Anlagen mit Halbleiterbauelementen.

Die dort vorliegenden Verhältnisse haben zur Ausbildung von besonderen Bauweisen geführt, die sich im wesentlichen durch ein höheres Ausschaltvermögen bei vollständig abgeschlossenem Schaltraum und höhere Zuverlässigkeit im Normalbetrieb kennzeichnen läßt, so daß im deutschen Sprachgebrauch hierfür die Bezeichnung „Niederspannungs-Hochleistungssicherungen" üblich geworden ist, abgekürzt „NH-Sicherungen". Da diese nur durch geschultes Personal bedient werden, sind konstruktive Lösungen für Sicherungen höheren Nennstromes und solche für ein gelegentliches willkürliches Ein- und Ausschalten erleichtert.

2.2 Grundsätzlicher konstruktiver Aufbau und Handhabung

Bei Sicherungen für Versorgungsnetze üblicher Verteilungsspannungen über 100 V sind besondere Vorrichtungen zur Lichtbogenlöschung erforderlich. Unter den verschiedenen bisher versuchten Methoden hat sich die Einbettung des Schmelzleiters in Quarzsand („Löschsand") als so wirksam und wirtschaftlich erwiesen, daß dieses Verfahren praktisch ausschließlich angewendet wird. Daraus ergibt sich folgender Aufbau, der in Bild 2/1 schematisch dargestellt ist.

Primäres Element ist der Schmelzleiter, der so gestaltet, bemessen und gekühlt ist, daß er den gewünschten Betriebsstrom aushält, bei nicht mehr zulässigen Überströmen aber abschmilzt.

Als Maß der Zulässigkeit wird meistens die Dauerbelastbarkeit einer bestimmten Leitung gewählt (Leitungsschutzsicherung). Manchmal wird der Schmelzleiter einer Sicherung so bemessen, daß nur ein Schutz gegen hohe

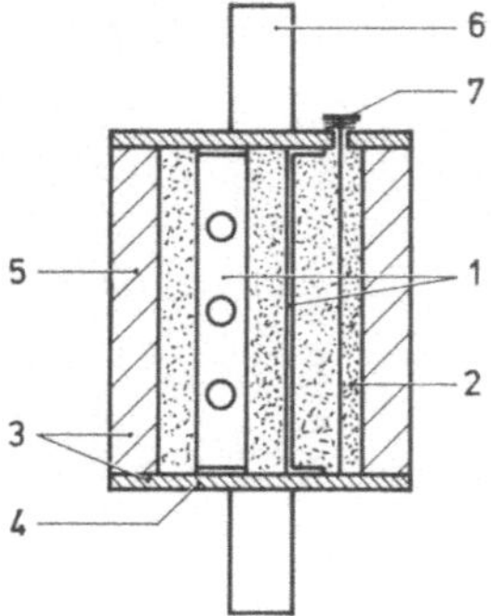

Bild 2/1. Grundsätzlicher Aufbau eines Niederspannungs-Sicherungseinsatzes. 1 Schmelzleiter, 2 Quarzsand, 3 Schaltkapsel, 4 Abschlußplatte, ggf. zugleich Kontaktplatte, 5 Isoliermantel, 6 Kontaktstück, 7 Anzeiger für Unterbrechen [6/5]

Stromstöße erreicht wird. Eine solche Sicherung darf nur in Verbindung mit einem anderen Schutzgerät gegen Langzeit-Überlastung verwendet werden und soll dieses von der Ausschaltung höherer Ströme entlasten oder gegen Wirkungen höherer Ströme schützen (Schaltgeräteschutz-Sicherung).

Als Material für den Schmelzleiter werden hauptsächlich die gutleitenden Metalle Silber und Kupfer benutzt, bei kleinen Nennströmen in Drahtform, bei größeren in Form eines Bandes oder mehrerer paralleler Bänder. Der den oder die Schmelzleiter umgebende Löschsand muß in bestimmter Menge und Anordnung vorhanden sein, wodurch Länge und Querschnitt des Schaltraumes sowie die erforderliche Länge des Schmelzleiters bestimmt sind.

Der Löschsand muß durch eine stabile Schaltkapsel zusammengehalten werden. Diese kann zum Teil aus Metall bestehen, muß aber während der Unterbrechung und nach der Ausschaltung die Enden des Schmelzleiters voneinander und gegenüber dem Ausschaltlichtbogen isolieren.

Die relativ schwachen Enden des Schmelzleiters eignen sich nicht für unmittelbare Verbindung mit äußeren Leitern. Sie werden daher in der Regel bereits innerhalb der Schaltkapsel mit den Kontaktstücken verbunden, die Teile der Schaltkapsel sein können.

Meist möchte der Anwender optisch erkennen, ob Unterbrechung vorliegt. Hierzu dienen Anzeiger am Sicherungseinsatz selbst, die durch die an den Kontaktstücken auftretende wiederkehrende Spannung ausgelöst werden. Durch Stellungs- oder Farbwechsel entsteht ein nicht umkehrbares Signal, das auch nach Herausnahme des Sicherungseinsatzes bestehen bleibt.

Alle bisher genannten Elemente bilden für den Anwender eine Einheit, die Sicherungseinsatz genannt wird, und als Ganzes auszuwechseln ist.

Für die Kontaktstücke kommen wegen der für höhere Nennströme erforderlichen höheren Kontaktkräfte im wesentlichen nur zwei Möglichkeiten der Kontaktgabe in Betracht: Entweder Anschrauben des Sicherungseinsatzes mittels Werkzeug auf meist ebene Gegenkontaktflächen oder Einstecken in gefederte Gegenkontaktstücke, wobei ausreichend hohe Kontaktkräfte unabhängig von der Sorgfalt des Bedienenden entstehen müssen. Bei der erstgenannten Lösung können die Sicherungseinsätze unmittelbar z. B. an Leiterschienen angeschraubt werden. Bei der anderen Lösung sind besondere in der Anlage fest einzubauende Gegenkontaktstücke erforderlich, die meist auf einem besonderen Isoliersockel befestigt sind und jeweils zusätzliche Anschlüsse zur Verbindung mit den Stromleitern haben. Eine solche Anordnung wird mit Sicherungsunterteil bezeichnet und zählt mit zur Sicherung. Ist kein Sicherungsunterteil vorgesehen, so ist der Sicherungseinsatz identisch mit der Sicherung.

Ein besonderes Sicherungsunterteil bedeutet einen größeren baulichen Aufwand, erlaubt aber in Verbindung mit Kontaktstücken zum Stecken ein Auswechseln der Sicherungseinsätze und ein willkürliches Auftrennen des Stromkreises auch dann, wenn die Anlage unter Spannung steht und kein größerer Strom fließt oder zu erwarten ist. Es muß lediglich Vorsorge getroffen sein, daß die Bedienende nicht mit unter Spannung stehenden Teilen in Berührung kommt oder andere Isolationsstrecken überbrückt. Letzteres läßt sich durch die Bauweise der Anlage sicherstellen, für ersteres sind abnehmbare isolierende Zubehörteile bekannt.

Sicherungen sind von der Wirkungsweise der Sicherungseinsätze her einpolige Schaltgeräte. Als mehrpolige Sicherungen werden Anordnungen bezeichnet, bei denen Unterteile für verschiedene Pole des gleichen Stromkreises fest miteinander verbunden sind.

2.3 Sicherungen im Normalbetrieb

Durch die jeweiligen Abschmelzbedingungen wird indirekt auch das Verhalten im Normalbetrieb bestimmt.

Es interessiert insbesondere die im Sicherungseinsatz auftretende Verlustleistung bei Strömen bis zum Nennstrom I_N. In der bekannten allgemeinen Gleichung $P = I^2 R$ muß man berücksichtigen, daß die als Schmelzleitermaterialien verwendeten Metalle einen relativ hohen Temperaturkoeffizienten des spezifischen Widerstandes haben. Ihre mittlere Temperatur hängt von verschiedenen Faktoren ab, auf die hier nicht eingegangen werden kann. Für die überwiegend benutzten Leitungsschutzsicherungen ist der mit Nennverlustleistung bezeichnete Wert erfahrungsgemäß

$$P_N \approx I_N^2 \cdot 1{,}35 R_{20}\,, \qquad (2/1)$$

also nicht unerheblich höher als der aus dem Widerstand bei Standardtemperatur 20 °C berechnete Wert. Für Einbauverhältnisse mit behinderter Wärmeabgabe ist dies von Bedeutung, weil dadurch die Umgebungstemperatur erhöht und der dauernd zulässige Belastungsstrom herabgesetzt wird.

Der Anwender erwartet daher eine möglichst niedrige Nennverlustleistung. Dies gelingt, wenigstens bei NH-Sicherungen, nur durch eine herabgesetzte

Abschmelztemperatur innerhalb eines kurzen Abschnittes des Schmelzleiters. Praktisch wird hierzu ein Wirkstoff, etwa ein Weichlot, in Kontakt mit dem Schmelzleitermaterial verwendet. Gleichzeitig müssen die übrigen Teile des Schmelzleiters entsprechend verstärkt werden.

Unabhängig von den mit der Verlustleistung zusammenhängenden Problemen muß eine dauernd gute Kontaktgabe zwischen Sicherungseinsatz und Unterteil verlangt werden. Dies setzt eine geeignete Formgebung, eine temperaturbeständige Federung von Kontaktstücken zum Einstecken sowie eine gegen Korrosion und Abrieb beständige Oberfläche an den Kontaktstücken voraus.

2.4 Unterbrechen von Sicherungen durch Überströme

In diesem Abschnitt soll die Zeit vom Beginn eines Überstromes bis zum Ende des Abschmelzens betrachtet werden. Diese Zeit wird im deutschen Sprachgebrauch als Schmelzzeit bezeichnet. Für sehr kurze Schmelzzeiten ist eine präzisere Definition erforderlich, wie eine summarische Betrachtung des Zusammenhanges zwischen Schmelzzeit t_m und Strom I zeigt.

Es sei ein Schmelzleiter beliebiger Länge angenommen, aus einheitlichem Material und mit gleichmäßigem Querschnitt beliebigen Profils. Zunächst sei vorausgesetzt, daß der Vorgang bei 20 °C beginnt und während des Stromflusses die gesamte im Schmelzleiter entstehende Wärme dort verbleibt. Die Schmelztemperatur wird erreicht, sobald der Stromfluß eine bestimmte Arbeit $W_m = I^2 R t_m$ erbracht hat. Nach den Annahmen kann der Widerstand des Schmelzleiters beliebig sein. Es gilt stets die Proportionalität

$$W_m \sim I^2 t_m . \tag{2/2}$$

Setzt man

$$I^2 t_m = \Delta K_m , \tag{2/3}$$

so ist ΔK_m (in A^2 s) eine Konstante des betreffenden Schmelzleiters für den vorausgesetzten adiabatischen Vorgang. (2/3) besagt außerdem, daß hier die Schmelzzeit umgekehrt quadratisch vom Strom abhängt:

$$t_m = \Delta K_m I^{-2} . \tag{2/4}$$

Eine Erhitzung bis zum Schmelzen kann aber nur innerhalb sehr kurzer Zeit angenähert adiabatisch verlaufen, weil mit wachsender Schmelzzeit ein wachsender Wärmeanteil in den Löschsand und in die weitere Umgebung abfließt. Bis zum Erreichen der Schmelztemperatur ist entsprechend mehr Energie als W_m erforderlich. Bei kleinerem Strom verlängert sich die

Schmelzzeit stärker als nach (2/4) und nähert sich bei einem bestimmten kleinsten Schmelzstrom I_{min} der Zeit ∞. Bei noch kleineren Strömen entsteht bereits unterhalb der Schmelztemperatur ein Gleichgewicht zwischen der im Schmelzleiter auftretenden und der in die Umgebung als Wärme abfließenden Leistung.

Schmelzzeiten werden meist in der Form einer Zeit-Strom-Kennlinie angegeben, wobei die Schmelzzeit als Funktion des Stromes I oder als Funktion des Überstromverhältnisses I/I_N dargestellt wird und beide Achsen logarithmisch geteilt sind. Anstelle einer Kennlinie wird auch, insbesondere in Normen, ein Zeit-Strom-Bereich angegeben, der durch eine obere und eine untere Toleranzlinie begrenzt ist. Er schließt die für bestimmte Ströme geltenden kürzesten Schmelzzeiten und längsten Ausschaltzeiten ein.

Bei kurzen Schmelzzeiten ist im allgemeinen der Strom nicht konstant, bei Gleichspannung infolge der Induktivität des Stromkreises, bei Wechselspannung zusätzlich infolge ihrer Kurvenform und des Einflusses des Einschaltwinkels. Um eindeutig sicherzustellen, wie Strom und Zeit aufeinander bezogen werden sollen, pflegt man den tatsächlichen Stromverlauf durch einen konstanten Strom gleich dem prospektiven Strom I_p zu ersetzen [2/1]. Letzterer ist der bei der Überbrückung der Sicherung zu erwartende Größtwert des Gleichstromes bzw. der Effektivwert des Wechselstromes. Anstelle der tatsächlichen Schmelzzeit t_m wird die sogenannte virtuelle Schmelzzeit t_{mv} angegeben. Das ist die Zeit, die bei einem konstanten Strom gleich dem prospektiven Strom die gleiche thermische Wirkung ergibt wie der tatsächliche Stromverlauf $I(t)$ während der tatsächlichen Schmelzzeit. Praktisch muß sie aus oszillographischen Beobachtungen berechnet werden. Gemäß Definition ist

$$I_p^2 t_{mv} = \int_0^{t_m} I^2(t)\,\mathrm{d}t \qquad (2/5)$$

oder

$$t_{mv} = \frac{\int_0^{t_m} I^2(t)\,\mathrm{d}t}{I_p^2}\,. \qquad (2/6)$$

Da diese Regel auf beliebige Schmelzzeiten und Stromabläufe anwendbar ist, erhält man vom Prinzip her eindeutige und stetige $t(I)$ Kennlinien [2/2]. Praktisch ist bei $t_m > 0{,}1$ s der Unterschied gegenüber t_{mv} ohne Bedeutung.

Die Zeit-Strom-Kennlinie läßt sich durch konstruktive Mittel erheblich beeinflussen. Sowohl eine Vergrößerung der Wärmeableitung in den Löschsand durch Verwendung von Schmelzleitern größerer Oberfläche als auch eine Verstärkung des Schmelzleiterquerschnittes mit gleichzeitiger Herabsetzung der Schmelztemperatur, vgl. Abschnitt 2.5, verlängern die Schmelzzeiten für kleine Überstromverhältnisse. Andererseits verkürzen kurze Engpässe im Schmelzleiter die Schmelzzeiten nur bei Annäherung an eine lokale adiabatische Erwärmung, also bei großen Überstromverhältnissen, nicht aber bei kleinen Überstromverhältnissen, wenn die Wärmeableitung aus dem Engpaß gut und die lokale Zunahme des Widerstandes kompensiert ist. Die Zeit-Strom-Kennlinie von Sicherungseinsätzen mit verlängerten Schmelzzeiten bei relativ kleinen Überströmen kann etwa als „überlastträge" bezeichnet werden, die von Sicherungseinsätzen mit verkürzten Schmelzzeiten bei relativ großen Überströmen entsprechend als „kurzschlußflink", eine Kombination beider Eigenschaften als „träg-flink". In manchen Bestimmungen sind zur Unterscheidung etwa besondere „Betriebsklassen" definiert.

Im Falle eines relativ hohen Überstromes kann eine Sicherung möglicherweise unterbrechen, bevor der Strom auf den zu erwartenden Höchstwert angestiegen ist. Wenn sie kurz danach eine Lichtbogenspannung nahe der Quellenspannung oder höher entwickelt, kann der Strom praktisch nicht weiter ansteigen. Solche Sicherungen heißen „strombegrenzend", vgl. Bild 2/2.

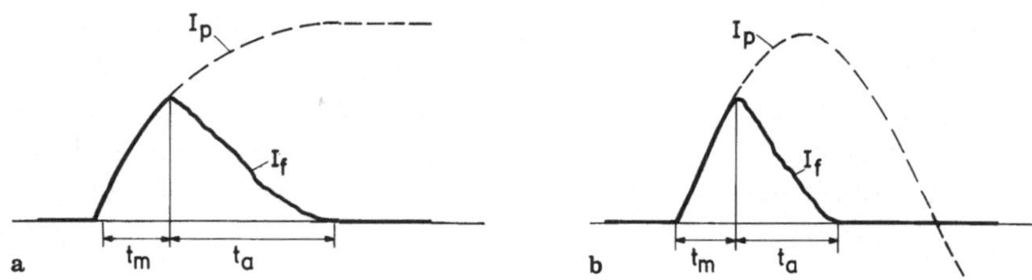

Bild 2/2. Begrenzung hoher Kurzschlußströme durch schnell unterbrechende Sicherungseinsätze. **a** bei Gleichstrom; **b** bei Wechselstrom. I_p zeitlicher Verlauf des (unbeeinflußten) Kurzschlußstromes, I_f von einer Sicherung beeinflußter Verlauf, t_m deren Schmelzzeit, t_a deren Lichtbogenzeit

Alle Abschmelzvorgänge beginnen bei bestimmten Temperaturen. Ein normales Abschmelzverhalten beruht darauf, daß die Abschmelzstelle gegenüber der normalen Umgebungstemperatur 20 °C um eine bestimmte Temperatur erwärmt wird. Höhere Ausgangstemperatur der Sicherung infolge Vorbelastung oder infolge erhöhter Raumtemperatur ergibt daher eine Verkürzung, niedrigere Ausgangstemperatur eine Verlängerung der Schmelzzeit, und etwa der kleinste Abschmelzstrom ist bei höherer Umgebungstemperatur kleiner und bei niedrigerer Umgebungstemperatur größer als unter normalen Verhältnissen.

2.5 Der Vorgang des Abschmelzens

Unter Abschmelzen ist jede über eine einfache Temperatursteigerung hinausgehende und daher nicht reversible Veränderung des Schmelzleiters zu verstehen, die schließlich zu einer Unterbrechung führt.

Wenn Schmelzleiter in Sand eingebettet sind, so kann flüssig gewordenes Schmelzleitermaterial nicht unter der Wirkung der Schwerkraft abtropfen. Zum Unterbrechen ist es jedoch unter den praktisch vorkommenden Verhältnissen nicht nötig, dieses Material durch weiteren Stromfluß zu verdampfen. Die bekannte Erscheinung der Oberflächenspannung ergibt auch bei flüssigen Metallen eine Zugspannung, welche die ursprüngliche Form des Schmelzleiters in Teile kleinerer Gesamtoberfläche zerreißt, im Idealfall in Kugeln. Die Voraussetzungen hierfür sind einerseits durch die relativ großen Oberflächen der üblichen Schmelzleiterformen, nämlich dünne Drähte und Bänder, andererseits durch die Poren zwischen den Sandkörnern gegeben. Insbesondere bei hohen Strömen unterstützt das Magnetfeld der Strombahn diesen Vorgang, indem es den verflüssigten Schmelzleiter an Stellen zufälliger oder beabsichtigter Engpässe einschnürt und hydraulisch auseinanderdrückt. Diese Erscheinung ist als „Pinch-Effekt“ bekannt.

Nach Abschnitt 2.3 ist auch die Verlustleistung eines Sicherungseinsatzes kleiner, wenn bei Überlastströmen eine kleinere Temperatur zum Abschmelzen genügt. Hierzu wird meistens das Schmelzleitermaterial auf eine kürzere Strecke durch ein Weichlot ersetzt oder eine meist kleine aber ausreichende Menge des Lotes auf der Oberfläche des Schmelzleiters angebracht, wie in Bild 2/3 angedeutet ist.

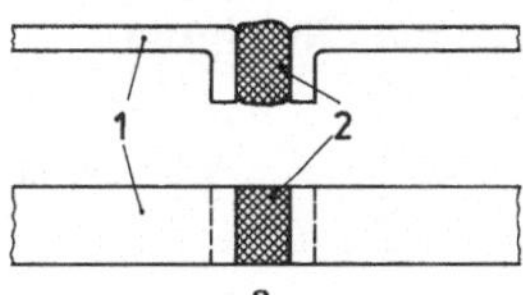

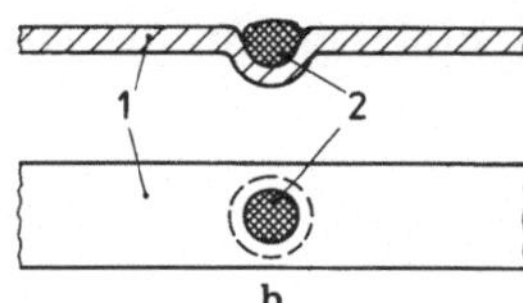

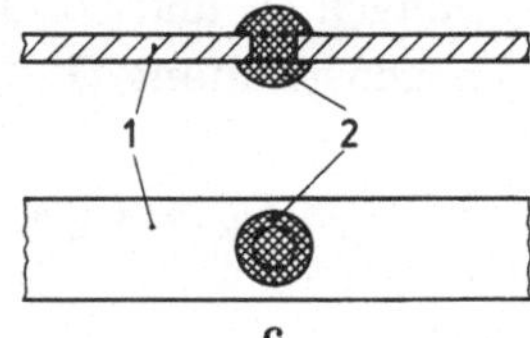

Bild 2/3. Formen der Anbringung von Weichlot zur Einleitung des Abschmelzens bei einer niedrigeren Temperatur (Beispiele). **a** als Strombrücke; **b** als Pille; **c** als Niet. 1 Schmelzleitermaterial, 2 Weichlot

Schmilzt das Lot, so lösen sich benachbarte Teile des Schmelzleitermaterials darin auf, bis die letzte Brücke durch die Oberflächenspannung zerrissen wird. Während des Auflösevorganges durchläuft die Unterbrechungsstelle einen gewissen Temperaturbereich, wofür ein Teil der Gesamtschmelzzeit benötigt wird. Bei ausreichender Höhe und Dauer können sich bleibende Wirkungen zeitlich getrennter Belastungsstöße ergeben und sich summieren. Dieser Effekt muß durch konstruktive Maßnahmen in Grenzen gehalten werden.

Meist werden die Schmelzleiter so bemessen, daß bei Strömen größer als etwa der vier- bis siebenfache kleinste Abschmelzstrom bestimmte vom Lot unbeeinflußte Teile zuerst abschmelzen.

2.6 Ausschaltvorgang und Ausschaltvermögen

Schaltgeräte sollen den im Zeitpunkt des Lichtbogenbeginns bestehenden Strom möglichst bald auf null bringen und ein Wiederzünden des Lichtbogens verhindern. Von Hochleistungssicherungen erwartet man zusätzlich ein hohes Schaltvermögen. Außerdem sollen sie im Fall genügend kurzer Schmelzzeit aufgrund ihrer Schalteigenschaften den weiteren Anstieg des Stromes begrenzen, d. h. verhindern oder wenigstens erheblich abflachen. Dadurch werden nicht nur die Auswirkungen hoher Überströme auf andere Betriebsmittel beschränkt, sondern auch das Ausschaltvermögen erhöht, das mit einem bestimmten baulichen Aufwand zu erreichen ist.

Bei Sicherungen wird der Strom mit Hilfe einer genügend hohen Lichtbogenspannung beeinflußt und ausgeschaltet. Im Grundsatz gilt hierfür das gleiche wie für andere Schaltgeräte. In Anlehnung an ausführliche Behandlungen des Problems etwa in [2/3], [2/4], sei das Wichtigste auszugsweise wiedergegeben. Bild 2/4 zeigt das Schema eines Stromkreises mit einer Siche-

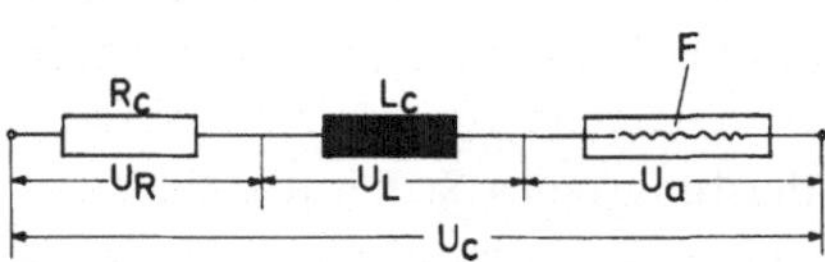

Bild 2/4. Spannungsverteilung in einem Stromkreis während des Unterbrechens. U_c Quellenspannung, U_R Spannung am Gesamtwiderstand R_c, U_L Spannung an der Induktivität L, U_a Spannung am Ausschaltlichtbogen der Sicherung F

rung. An dem Widerstand R_c und der Induktivität L_c, die beide als Konstanten des Stromkreises angenommen werden, entstehen bei Stromfluß die Teilspannungen U_R und U_L, an der Sicherung nach Unterbrechen zunächst eine Lichtbogenspannung U_a. Offensichtlich gilt für die Spannungen die Gleichung

$$U_R + U_L + U_a = U_c \qquad (2/7)$$

oder

$$IR_c + L_c \frac{dI}{dt} + U_a = U_c \,. \qquad (2/8)$$

Sind die anderen Größen gegeben, so beträgt die Geschwindigkeit der Stromänderung

$$\frac{dI}{dt} = \frac{U_c - IR_c - U_a}{L_c} \,. \qquad (2/9)$$

Für $U_a = U_c - IR_c$ wird sie null, für $U_a < U_c - IR_c$ positiv, für $U_a > U_c - IR_c$ negativ. Je nachdem bleibt der Strom konstant, wächst oder nimmt ab. Er nimmt um so schneller ab, je größer das Verhältnis $(U_a - U_c - IR_c)/L_c$ ist.

Mit der Abnahme des Stromes nähert sich auch das Glied IR_c/L_c dem Wert null, so daß schließlich nur noch das Verhältnis $(U_a - U_c)/L_c$ von Bedeutung ist.

Praktisch ergeben sich drei allgemeine Folgerungen für den Zusammenhang zwischen Lichtbogenspannung und Schaltvermögen:

a) Der Strom wird nur dann wirksam begrenzt, wenn die Lichtbogenspannung möglichst bald wenigstens die Nähe der Quellenspannung erreicht.
b) Für die Ausschaltung muß die Lichtbogenspannung wenigstens am Schluß größer als die Quellenspannung sein.
c) Eine Sicherung kann praktisch nur Stromkreise mit Quellenspannungen bis zu ihrer Prüfspannung ausschalten, da ihre Lichtbogenspannung und deren zeitlicher Verlauf durch die Bemessung begrenzt sind.

Kennt man die Lichtbogenspannung, so läßt sich der zeitliche Stromverlauf durch eine Integration nach (2/9) ermitteln. Von Interesse ist, daß sich darüber hinaus allgemeine Aussagen über den Zusammenhang zwischen Lichtbogenspannung und Lichtbogenzeit ergeben, wenn man vereinfachende Annahmen macht. In (2/9) sei die Quellenspannung konstant und das Glied IR_c/L_c zu vernachlässigen. Der Strom habe einen Verlauf entsprechend Bild 2/5. Dann gilt während der Schmelzzeit, wo $U_a = 0$,

$$\left[\frac{\mathrm{d}I}{\mathrm{d}t}\right]_{t_m} = \frac{I_m}{t_m} = \frac{U_c}{L_c}\,, \tag{2/10}$$

und während der Lichtbogenzeit

$$\left[\frac{\mathrm{d}I}{\mathrm{d}t}\right]_{t_a} = -\frac{I_m}{t_a} \approx \frac{U_c - U_a}{L_c}\,. \tag{2/11}$$

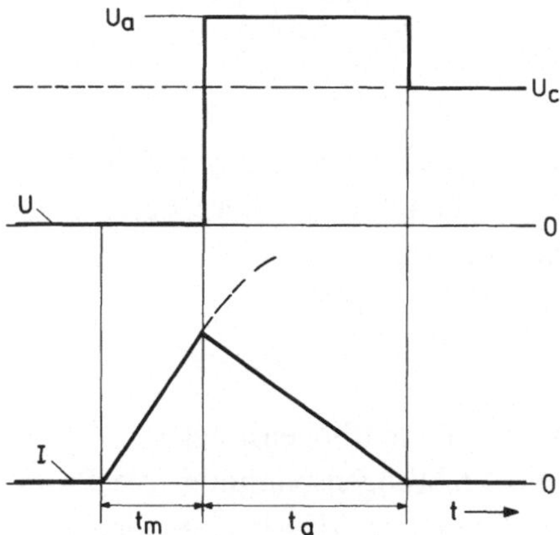

Bild 2/5. Verlauf von Spannung U und Strom I während eines Ausschaltvorganges (schematisch). U_a Lichtbogenspannung der Sicherung, U_c Quellenspannung, t_m Schmelzzeit, t_a Lichtbogenzeit

Hiernach sind

$$t_m = \frac{I_m L_c}{U_c}, \tag{2/12}$$

$$t_a \approx \frac{I_m L_c}{U_a - U_c}, \tag{2/13}$$

$$\frac{t_m}{t_a} \approx \frac{U_a - U_c}{U_c} = \frac{U_a}{U_c} - 1\,. \tag{2/14}$$

Die relative Lichtbogenspannung für ein bestimmtes Verhältnis t_a/t_m beträgt daher

$$\frac{U_a}{U_c} \approx 1 + \frac{t_m}{t_a}. \tag{2/15}$$

Der Verlauf dieser Funktion ist in Bild 2/6 dargestellt.

Wird z. B. eine Lichtbogenzeit gleich der Schmelzzeit verlangt, so muß der Mittelwert der Lichtbogenspannung den zweifachen Wert der Quellenspannung haben. Die inverse Funktion liefert Aussagen über die relative Lichtbogenzeit bei gegebener mittlerer Lichtbogenspannung.

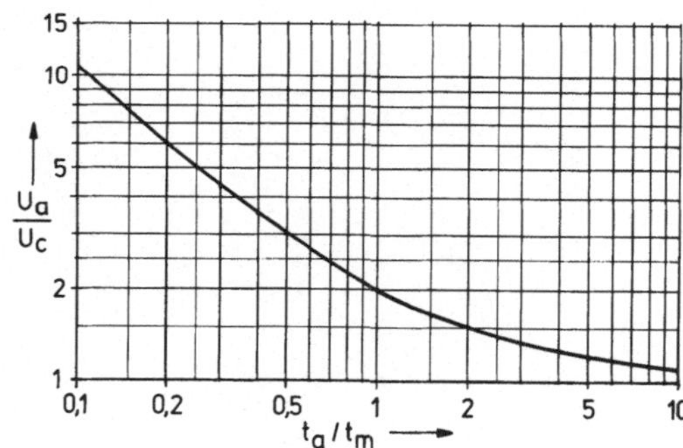

Bild 2/6. Gegenseitige Beziehung zwischen relativer Lichtbogenzeit t_a/t_m und mittlerer relativer Lichtbogenspannung U_a/U_c bei Strombegrenzung durch eine Sicherung

Der Höchstwert der Lichtbogenspannung zu einem beliebigen Zeitpunkt wird mit Schaltspannung bezeichnet. Praktisch hängt der zeitliche Verlauf der Lichtbogenspannung in komplizierter Weise ab von

a) der Höhe des jeweiligen Stromes,
b) dem Querschnitt des Schmelzleiters,
c) der Länge des Lichtbogens,
d) der Temperatur der einzelnen Abschnitte der Lichtbogenstrecke.

Die Parameter a) und c) vergrößern die Lichtbogenspannung, die Parameter b) und vor allem d) verkleinern sie. Schwierig wird insbesondere das

Löschen stromschwacher Lichtbögen. Die Schmelzleiterenden brennen langsamer ab, wobei der ursprüngliche längenbezogene Widerstand der zuerst entstandenen Lichtbogenabschnitte mit der Zeit abnimmt und eine längere Abbrandstrecke entstehen muß, bis die Lichtbogenspannung genügende Werte erreicht.

Bisher wurde Gleichstrom vorausgesetzt. Vieles gilt sinngemäß auch für Wechselstrom, insbesondere für Schaltvorgänge, die wegen relativ hoher Überströme in Zeiten von weniger als etwa 1/4 Periode ablaufen. Wenn die Quellenspannung sich dem Wert Null nähert, wird das Ausschalten erleichtert. Dieser Vorteil geht jedoch verloren, wenn die Spannungsfestigkeit der Lichtbogenstrecke im vorangehenden Nullwert des Stromes noch nicht genügt. Dann kann die wiederkehrende Quellenspannung erneut einen Lichtbogen zünden, sobald sie die verhältnismäßig langsam zunehmende Spannungsfestigkeit überschreitet. Bei Ausschalten kleinerer Überströme und/oder bei höherer Quellenspannung kann sich dieser Vorgang mehrmals wiederholen. Auch das Längsprofil des Schmelzleiters ist von Einfluß.

Da die Lichtbogenspannung praktisch stets von der Größenordnung der Quellenspannung ist, kann im Lichtbogen besonders bei Ausschalten höherer Ströme und bei Nennspannung eine erhebliche Leistung $P_a = U_a I$ auftreten. Entsprechend groß kann die als Wärme zurückbleibende Energie des Lichtbogens

$$W_a = \int_0^{t_a} U_a I \, dt \qquad (2/16)$$

werden, die auch als „Ausschaltarbeit“ bezeichnet wird. Diese Energie muß vom Löschsand ohne zu hohe Erwärmung aufgenommen werden; sie bestimmt das erforderliche Volumen des Löschmittels und die notwendige Verteilung der Energie auf dieses Volumen innerhalb sehr kurzer Zeit.

Da bei der Ausschaltung wenigstens ein Teil des Schmelzleitermaterials vorübergehend in dampfförmigen Zustand kommt, entsteht eine Druckwelle, vor allem bei Lichtbogenvorgängen mit hoher Stromstärke. Die Schaltkapsel muß ausreichend druckfest ausgeführt sein.

Das Ausschaltvermögen von Sicherungen ist daher ein komplexer Begriff und kann durch die Angabe nur eines größten Stromwertes noch nicht ausreichend gekennzeichnet werden. Es werden nämlich für einige Zwecke sogar Sicherungen verwendet, die nur oberhalb eines bestimmten Überstromes zuverlässig ausschalten. Meistens soll aber eine Sicherung jeden zum Unterbrechen führenden Strom auch ausschalten können. Eine erschöpfende Definition müßte etwa lauten:

Das Ausschaltvermögen von Sicherungen ist die Eigenschaft, nach dem Unterbrechen einen Stromkreis, dessen Konstanten innerhalb eines festgelegten Rahmens liegen, in allen Fällen ordnungsgemäß auszuschalten.

Der Rahmen wird gekennzeichnet durch Eckwerte
- der größten wiederkehrenden Betriebsspannung;
- der Stromart, bei Wechselstrom durch die untere und obere Grenze der Betriebsfrequenz;
- der Zeitkonstante L/R (bei Gleichstrom) oder des Leistungsfaktors (bei Wechselstrom);
- des größten und des kleinsten prospektiven Stromes.

2.7 Zusammenwirken von Sicherungen unter sich und mit anderen Schaltgeräten

Meistens ist eine Sicherung nicht das einzige Schutzorgan im Stromkreis gegen unzulässige Überströme, sondern zwischen Stromquelle und Verbrauchern liegen in Strahlennetzen mehrere Schutzorgane mit abgestuften Ansprechwerten in Reihe, die entweder ebenfalls Sicherungen oder aber Schutzschalter sind. Manchmal sind in Maschennetzen parallele Speisungswege vorgesehen.

Bei Überströmen sollen möglichst nur diejenigen Sicherungen „selektiv" ausschalten, die relativ am meisten überlastet sind. Wieweit dies wirklich der Fall ist, hängt ab von
- der Abstufung der Nennströme,
- der Gesamtausschaltzeit der schwächeren Sicherung (bzw. bei Schutzschaltern von der Auslösezeit und der Gesamtausschaltzeit),
- der Schmelzzeit der stärkeren Sicherung bei dem vorliegenden Überlastfaktor.

Dabei sind stets virtuelle Zeiten gemeint.

Zwar ist im Überlastbereich innerhalb einer Reihe von Leitungsschutzsicherungen mit systematischer Abstufung der Abschmelzströme auch bei Unterschied der Nennströme um nur eine Stufe stets Selektivität vorhanden, ebenso gegenüber entsprechend gebauten Leitungsschutzschaltern. Unsicherheiten entstehen erst bei stärkeren Überlastströmen und bei Kurzschlußströmen, weil entweder die Zeit-Strom-Bereiche sich schneiden oder der Anteil der Löschzeit der schwächeren Sicherung bzw. des schwächeren Schalters die Gesamtzeit zu sehr verlängert. Praktisch ist der Anwender hier auf Versuche oder auf Angaben des Herstellers angewiesen.

Ein ganz anderer Zweck kann durch Kombination einer bestimmten Sicherung mit einem bestimmten Schalter angestrebt werden, nämlich eine wirtschaftlichere Beherrschung von Störungsfällen. Das Schaltvermögen von Schützen wird gewöhnlich nur für die betrieblich zu erwartenden Ströme bemessen, ggf. für die Motorstillstandsströme, das Schaltvermögen von Leitungsschutzschaltern für übliche Kurzschlußströme. In heutigen Niederspannungsnetzen sind aber unter Umständen sehr hohe Kurzschlußströme möglich. Es wäre zu aufwendig, Schütze oder Leitungsschutzschalter so zu bemessen oder so auszuwählen, daß ihr Schaltvermögen auch dann noch ausreicht. In solchen Fällen wird man zweckmäßig für das Ausschalten höherer Ströme Sicherungen vorsehen und diese so auswählen, daß sie nur dann früher als der Schalter ausschalten, wenn dessen Schaltvermögen sich seiner Grenze nähert.

2.8 Sicherungen in Schaltern

Im vorangehenden Abschnitt wurde angedeutet, in welcher Form sich die Schutzwirkungen von Sicherungen und Schutzschaltern gegenseitig ergänzen können. Dabei ist es selbstverständlich gleichgültig, an welcher Stelle des Stromkreises die einzelnen Geräte angeordnet sind.

Eine Steigerung der Wirkverbindung ist möglich, wenn Sicherungen oder deren Teile als integrierte Bestandteile von Schaltern verwendet werden. Bei Trennschaltern und Lastschaltern werden entweder vollständige Sicherungen auf den beweglichen Teilen der Strombahnen angeordnet oder die beweglichen Teile der Strombahnen werden unmittelbar und ausschließlich durch Sicherungseinsätze mit hierzu geeigneten Kontaktstücken gebildet. Es kann dadurch in Schaltanlagen erheblich an Platz gespart werden, auch ist ausgeschlossen, daß versehentlich nicht alle Pole getrennt werden.

Wenn die Funktion des Anzeigers auf der Bewegung eines Teiles außerhalb der Schaltkapsel beruht und diese Bewegung mit genügender Kraft erfolgt, können Sicherungseinsätze zur Einleitung weiterer Schaltvorgänge benutzt werden. Es können Hilfsstromkreise geschaltet oder sogar Selbstschalter unmittelbar mechanisch ausgelöst werden, nachdem die Ausschaltung des Stromes in den Sicherungseinsätzen vollzogen ist. Für letzeren Zweck eignen sich insbesondere Sicherungseinsätze mit „Schaltgeräteschutz-Kennlinie“, vgl. Abschnitt 2.2.

2.9 Kenngrößen, Nenngrößen

Damit der Anwender die für einen bestimmten Zweck geeigneten Sicherungen auswählen kann, muß der Hersteller deren Eigenschaften angeben und der Anwender muß wissen, was diese Angaben bedeuten. Bei einem Serienerzeugnis, wie bei Sicherungen, interessiert nur, welche Eigenschaften bei allen Stücken dieses Typs vorhanden sind, also unter Berücksichtigung der unvermeidlichen Streuungen bei der Fertigung. Außerdem muß zwischen Kenngrößen und Nenngrößen unterschieden werden. Unter einer Kenngröße versteht man eine konkrete nachweisbare Eigenschaft des Typs. Sie betrifft entweder eine Einzeleigenschaft oder eine Funktion einer anderen Größe und kann angegeben werden entweder als Mittelwert mit Vertrauensbereich oder als ein- bzw. zweiseitig begrenzter Bereich, gegebenenfalls mit zusätzlicher Angabe von Parametern. Beispiele: a) Zeit-Strombereich, b) Kleinster Abschmelzstrom bei 50 Hz und 20 °C.

Mit Nenngröße bezeichnet man eine Angabe, die nach einer bestimmten Norm oder bestimmten Vereinbarung mit einer oder mehreren bestimmten Kenngrößen verknüpft ist. Je nach der betreffenden Norm können daher der gleichen Kenngröße verschiedene Nenngrößen entsprechen.
Beispiel: Nennstrom nach Norm XYZ.

Die vorstehend angesprochenen Probleme sollen im folgenden näher betrachtet werden.

2.10 Literatur

2/1. Herlitz, I.: Time-current characteristics and breaking capacity of electric fuses (Engl.). ASEA Res. Nr. 9 Västerås Sweden (1966) 65–86

2/2. Seysen, R.: Verlauf der Stromzeitkennlinie einer Sicherung im Bereich kurzer Schmelzzeiten. Conti Elektro-Ber. (1960) 164–169

2/3. Rüdenberg: Elektrische Schaltvorgänge, 5. Aufl. Dorsch, H.; Jacottet, P. (Hrsg.) Berlin, Heidelberg, New York: Springer 1974

2/4. Slamecka, E.; Waterscheck, W.: Schaltvorgänge in Hoch- und Niederspannungsnetzen — Berechnungsgrundlagen. Berlin u. München: Siemens AG 1972

3 Wärmevorgänge vor Beginn des Abschmelzens

3.1 Allgemeines

Da das Funktionsprinzip einer Sicherung darauf beruht, daß in ihr an einer bestimmten Stelle eine bestimmte Temperatur entsteht, so interessieren auch die Wärmevorgänge vor dem Beginn des Abschmelzens. Sie verändern die Beschaffenheit der Sicherung nicht bleibend und sind also reversibel. Die erreichte Temperatur hängt einerseits ab von den Parametern der Wärmeerzeugung, andererseits von den die Temperaturänderung beeinflussenden Parametern, nämlich Wärmekapazität und Wärmeleitung.

Ist nach dem zeitlichen Temperaturverlauf an den verschiedenen Punkten bei einem bestimmten zeitlichen Verlauf des Stromes gefragt, so kann in einfachen Fällen eine analytische Behandlung des Problems mit geringem Aufwand Antworten auf wichtige Einzelfragen geben. Bei universeller Fragestellung sind aber für die praktisch verwendeten Konstruktionen von NH-Sicherungen sorgfältige Überlegungen über die zulässigen Vereinfachungen erforderlich, damit die Gleichungen auf eine vertretbare Anzahl beschränkt werden können. Der auch dann erhebliche Aufwand erschwert die praktische Anwendung. Einen Überblick über die Methode und weitere Literatur enthält [1/3]. Für eine erste Orientierung eignet sich [2/3].

Zum Verständnis der sich in einer Sicherung abspielenden Wärmevorgänge sollen im folgenden die Auswirkungen der wichtigsten genannten Parameter wenigstens qualitativ behandelt werden.

3.2 Wärmequellen

Schmelzleiter als Wärmequellen

Bevor andere Teile der Sicherung zu hohe Temperaturen angenommen haben, soll der Schmelzleiter an der gewünschten Stelle oder innerhalb des gewünschten Bereiches abschmelzen. Dies setzt voraus, daß der Widerstand des Sicherungseinsatzes überwiegend im Schmelzleiter lokalisiert ist. Entsprechend tritt auch der Hauptanteil der Gesamtleistung im Schmelzleiter auf, fast immer mehr als 80%. Unter den Bedingungen für die Definition der Nennverlustleistung P_N (Abschnitt 2.3) beträgt diese

$$P_N = I_N^2 R_N \,. \tag{3/1}$$

R_N hängt u. a. vom Temperaturzustand des Schmelzleiters und dadurch von der Abschmelztemperatur bei dem vorgesehenen Schmelzstrom und von dessen Verhältnis zum Nennstrom ab. Wegen der Wärmeableitung nach den Enden hin ist die Temperatur eines strombelasteten Schmelzleiters in der Regel nicht gleichmäßig. Daher läßt sich der Widerstand eines belasteten Schmelzleiters nur unter großem Aufwand berechnen und wird in der Praxis durch Messung unter vorgeschriebenen Umständen ermittelt.

Auch der Widerstand eines nicht belasteten Schmelzleiters von bekannter und gleichmäßiger Temperatur ist nicht ohne weiteres aufgrund der geometrischen Abmessungen zu berechnen, wenn sein Längsprofil Stellen oder Bereiche verkleinerten Querschnittes hat. Durch derartige Maßnahmen werden bekanntlich die Zeit-Strom-Kennlinie und das Ausschaltverhalten beeinflußt.

Bei Schmelzbändern wird im allgemeinen die Breite durch Einkerbungen des Randes oder durch gleichwertige Lochungen verändert. Zwischen Bereichen verschiedener Breite werden sowohl stetige als auch unstetige Übergänge verwendet. Bild 3/1 zeigt einige übliche Typen von Änderungen der Breite, Bild 3/2 Varianten am Beispiel des Typs a.

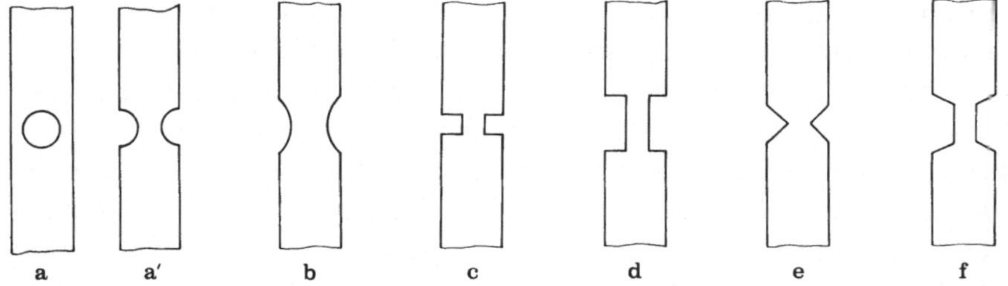

Bild 3/1. Typen von Querschnittsänderungen bei Schmelzbändern (Beispiele)

Bei jeder Änderung des Querschnittsprofils werden die Strömungslinien mehr oder weniger verlängert und die Stromdichte quer zu den Strömungslinien wird ungleichmäßig, wie Bild 3/3 andeutet.

Hierdurch entstehen zusätzliche Widerstandseffekte, sogenannte Einschnürungswiderstände. Sie lassen sich nicht ohne weiteres, etwa analytisch, aus dem geometrischen Verlauf des Querschnittes senkrecht zur Achse exakt berechnen.

Das Problem wurde bisher nur für spezielle Fälle untersucht. In [3/1, 2] und [3/3] wurden Näherungsgleichungen für Bänder mit bestimmten bogenförmigen Randkerbungen angegeben. Für Abschnitte mit rechteckig begrenzten Randkerbungen enthält [3/4] Ergebnisse von Meßreihen, aufgrund deren empirische Gleichungen aufgestellt und die Einschnürungswiderstände eliminiert werden konnten. In [3/5] wird eine Gleichung für den Widerstand von Bändern angegeben, die schmalere Abschnitte verschiedener Form mit gradliniger Begrenzung enthalten. Die Berechnung eines zweidimensionalen elek-

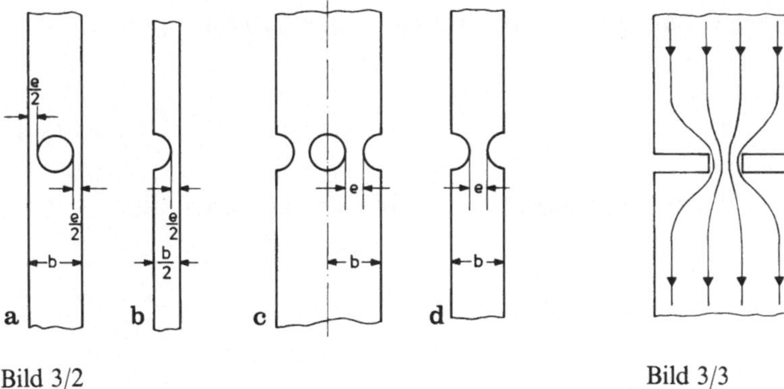

Bild 3/2

Bild 3/3

Bild 3/2. Varianten des Typs **a** bzw. **a'** nach Bild 3/1. Variante **b**: Einfaches Bandelement; Varianten **a** und **d**: Zweifache Bandelemente; Variante **c**: Vierfaches Bandelement (Beispiele)

Bild 3/3. Elektrische Strömungslinien an einem Bandabschnitt kleineren Querschnittes (schematisch)

trischen Feldes von Leitern mit beliebigem Querschnitt wird in [3/6] behandelt.

Bekanntlich muß der Einfluß von Abschnitten mit lokal erhöhtem längenbezogenem Widerstand bei der Bemessung von Schmelzleitern berücksichtigt werden. Von praktischem Interesse ist daher der Hinweis, daß man den veränderten Widerstand nach einer elementaren Gleichung finden kann, in welcher die Auswirkung bestimmter Querschnittsänderungen einschließlich von Einschnürungswiderständen durch empirische Koeffizienten ausgedrückt wird, ferner daß sich für die Koeffizienten der wichtigsten Typen von Querschnittsschwächungen Näherungsfunktionen aufgrund der geometrischen Abmessungen angeben lassen.

Voraussetzung ist, daß man unterscheidet einerseits zwischen einem konkreten Bereich, dessen geometrische Abmessungen und/oder spezifischer Widerstand angebbar sind, und andererseits einem abstrakten Begriff „Engpaß“, der nur durch eine den Widerstand erhöhende Wirkung R_E definiert ist, also die Einschnürungswiderstände einschließt und für den keine bestimmte Länge angebbar ist.

Bezeichnet man mit R_1 und R_0 die Widerstände gleichlanger Bandabschnitte mit einer bestimmten Querschnittsänderung bzw. ohne diese, so ist

$$R_E = R_1 - R_0 \,. \tag{3/2}$$

Der Widerstand eines Bandabschnittes der Länge l, der konstanten Dicke d, der konstanten Breite b und des spezifischen Widerstandes ϱ ist bekanntlich

$$R_0 = \frac{l\varrho}{bd} \tag{3/3}$$

und somit bei einer Länge $l = b$, also für einen quadratisch begrenzten Abschnitt

$$R_q = \varrho/d\,. \tag{3/4}$$

Bezieht man die Widerstände auf R_q, so ergibt sich das Verhältnis

$$\frac{R_0}{R_q} = \frac{l}{b} \tag{3/5}$$

und aus (3/1)

$$\frac{R_E}{R_q} = \frac{R_1 - R_0}{R_q} = E\,. \tag{3/6}$$

Der in (3/6) definierte Zahlenwert E ist unabhängig von Abmessungen und Material des Bandes. Er gilt offensichtlich einheitlich für alle Bereiche von Bändern mit einem bestimmten geometrisch ähnlichen Grundriß. Er ist eine Funktion der Grundrißfigur und soll als Engpaßkoeffizient bezeichnet werden.

Mit Hilfe bekannter Engpaßkoeffizienten lassen sich Widerstände von Schmelzbändern mit Querschnittsänderungen wie folgt berechnen:
Ist ein Schmelzband an einer Stelle geschwächt, so ist nach (3/6)

$$R_1 = ER_q + R_0\,. \tag{3/7}$$

Mit R_q aus (3/5) wird

$$R_1 = \left(1 + E\,\frac{b}{l}\right) R_0\,. \tag{3/8}$$

Enthält ein Schmelzband n Abschnitte mit entsprechenden Engpaßkoeffizienten E_1 ... E_n, so ergibt sich analog

$$R_n = \left[1 + (E_1 + E_2 + \ldots + E_n)\,\frac{b}{l}\right] R_0\,. \tag{3/9}$$

Ein Beispiel soll die Anwendung dieser Methode erläutern und die Auswirkung von Querschnittsschwächungen zeigen. Gesucht sei etwa der Widerstand eines Schmelzbandes bzw. Teilstreifens der Länge $l = 100$ mm und der Breite $b = 10$ mm. Er soll durch zwei gleiche Engpässe in Reihe des Typs (2) nach Bild 3/4 geschwächt sein, und die geometrische Restbreite soll $e = 1$ mm betragen.

Nach (3/3) ist der Widerstand ohne Schwächungen

$$R_0 = \frac{100}{10}\frac{\varrho}{d} = 10\frac{\varrho}{d}\,.$$

Für $e/b = 0{,}1$ zeigt Bild 3/4 den Engpaßkoeffizienten $E = 4{,}4$. Nach (3/9) ergibt sich mit zwei Schwächungen ein Widerstand

$$R_2 = \left[1 + (4{,}4 + 4{,}4)\,\frac{10}{100}\right] 10\,\frac{\varrho}{d}$$

$$= [1 + 8{,}8 \cdot 0{,}1]\;10\,\frac{\varrho}{d} = 18{,}8\,\frac{\varrho}{d} = 18{,}8\,\frac{\varrho}{d}$$

anstelle von $10(\varrho/d)$ für das nicht geschwächte Band. Wenn sich dadurch der kleinste Unterbrechungsstrom nicht ändern soll, muß der Querschnitt des Schmelzleiters entsprechend verstärkt werden. — Bei Verwendung eines Engpaßtyps mit kleinerem Engpaßkoeffizienten und/oder bei Wahl von Teilstreifen kleinerer Breite b würde der Widerstand weniger erhöht, und es würde eine geringere Verstärkung des Gesamtquerschnittes genügen.

Die widerstandserhöhende Wirkung von Engpässen hängt auch von dem Verhältnis b/l des Bandes ab. Schaltet man anstelle breiterer Bänder schmalere Bänder oder Streifen mit den gleichen Engpaßkoeffizienten parallel, so geht die Widerstandserhöhung entsprechend zurück.

Der Engpaßkoeffizient E unterscheidet sich definitionsgemäß von den in manchen Arbeiten, etwa [3/5], mitgeteilten Verhältnissen R_1/R_0, wiedergegeben in [3/14]. Er kann jedoch nach (3/8) aus R_1/R_0 berechnet werden.

Es fragt sich, wieweit Gleichungen für die Berechnung von Engpaßkoeffizienten ohne Hilfe von gemessenen Widerständen aufgestellt werden können. Die bisher versuchten analytischen Lösungen benötigten vereinfachende Annahmen über die Verhältnisse in den Einschnürungsbereichen der Stromfäden, also über eine Erscheinung, die durch die Definition des Engpaßkoeffizienten besonders erfaßt werden soll. Sie können insoweit nur Näherungslösungen erbringen.

Unter der Voraussetzung axialer und radialer Symmetrie der geometrischen Schwächungsform (Bild 3/1) eignen sich nach unveröffentlichten Beobachtungen des Verfassers für bestimmte oft benutzte Schwächungsformen die folgenden Näherungsgleichungen:

— Für Bandabschnitte nach Bild 3/4 (1) mit gradliniger Seitenbegrenzung

$$E = \frac{1}{\cos\varepsilon}\left(\ln\frac{b}{e} + \frac{e}{b} - 1\right), \qquad (3/10)$$

wobei b die Breite des Bandes und e die kleinste Breite im Einkerbungsbereich ist; ε siehe Bild 3/4,

— Für Bandabschnitte nach Bild 3/4 (2) mit Seitenbegrenzung durch Kreisbögen des Radius r, deren Mittelpunkt auf dem Rand des Bandes liegt,

$$E = \frac{\pi}{2}\left(\sqrt{\frac{r}{e}}\ \arctan\sqrt{\frac{r}{e}} - \frac{r}{b}\right). \tag{3/11}$$

Bild 3/4 zeigt hiernach berechnete Engpaßkoeffizienten als Funktionen des geometrischen Einengungsverhältnisses e/b und für (3/10) auch des Parameters ε.

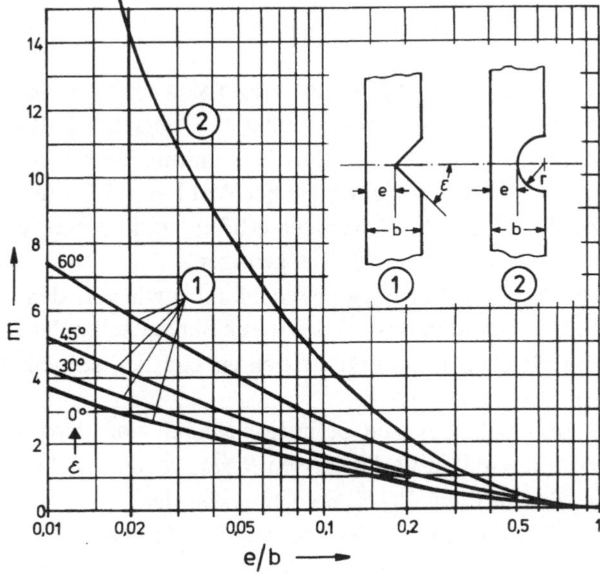

Bild 3/4. Engpaßkoeffizient E des Widerstandes von Schmelzbändern als Funktion des Verhältnisses e/b für zwei Typen

Sonstige Teile von Sicherungen als Wärmequellen

Weitere Wärmequellen sind die Verlustleistungen

— infolge Stromdurchganges in den Kontaktstücken des Sicherungseinsatzes und gegebenenfalls des Unterteiles;

— infolge frequenzabhängiger Wechselmagnetisierungs- und Wirbelstromverluste in ferromagnetischen Bauteilen;

— in Übergangswiderständen zwischen Unterteilen und Sicherungseinsätzen.

Sie verstärken die Erwärmung der Abschmelzstelle und müssen daher bei der Bemessung der Schmelzleiter berücksichtigt werden. Umgekehrt kann sich der kleinste Abschmelzstrom ändern, wenn Sicherungseinsätze in Unterteilen einer hierfür nicht vorgesehenen Größe verwendet werden oder die Übergangswiderstände sich z. B. infolge Oxidation der Kontaktstellen erhöhen.

Auf die kurzen Abschmelzzeiten bei höheren Überströmen wirkt sich jedoch praktisch nur die Wärmeerzeugung im Schmelzleiter selbst aus, da der Temperaturausgleich zwischen den verschiedenen Teilen einige Zeit erfordert.

3.3 Wärmeaustausch und Temperaturausgleich

Allgemeines

Die im Schmelzleiter und insbesondere die in dessen etwa vorhandenen Engpässen entstehende Temperaturerhöhung verursacht Wärmeflüsse in Richtung des jeweiligen Temperaturgefälles. [1/3] enthält eine Zusammenfassung der allgemeinen theoretischen Grundlagen für eine analytische Behandlung der Erwärmung von Schmelzleitern. Behandelt werden ferner Anwendungen auf stationäre und nichtstationäre Verhältnisse bei Schmelzleitern aus Runddrähten und Bändern, auch bei mehrgliedrigen Schmelzleitern und bei adiabatischer Erwärmung.

In [3/7] werden die besonderen Verhältnisse bei Engpässen mit erheblich verkleinertem Querschnitt betrachtet. Wenn in stationärem Zustand die im Engpaß entstehende Wärme im wesentlichen axial in stärkere Schmelzleiterteile abfließt, ist zum Abschmelzen eine Spannung von rund 0,4 V am Engpaß erforderlich, analog zur bekannten Schweißspannung an Kontaktstellen.

Die Auswirkung eines gleichzeitig axialen und radialen Wärmeabflusses aus drahtförmigen Schmelzleitern wird in [3/8] und [3/8a] unter Berücksichtigung der Temperaturabhängigkeit des spezifischen Widerstandes berechnet. Dabei zeigt sich ein erheblicher Einfluß der Drahtlänge auf die Schmelzzeit, sogar noch bei Stromdichten von 1000 bis 3000 A/mm^2, der im Prinzip auch bei allen Engpässen zu erwarten ist. Weitere theoretische Untersuchungen der Erwärmung von Schmelzleitern und insbesondere von Engpässen verschiedenen Profils siehe [3/9–13].

In den folgenden Abschnitten soll ein kurzer Überblick über die bei Sicherungen wichtigen thermischen Vorgänge gegeben werden.

Temperaturdifferenz durch Wärmefluß

Bekanntlich entsprechen die Gesetze des Energietransportes durch Wärmefluß denen des Elektrizitätstransportes durch Stromfluß. Wird ein Wärmewiderstand R_w von einem konstanten Wärmestrom Φ durchflossen, so entsteht am Wärmewiderstand nach Eintritt eines Beharrungszustandes eine Temperaturdifferenz

$$\Delta\vartheta = \Phi R_w \,. \tag{3/12}$$

Man unterscheidet zwischen Wärmewiderstand bei Wärmeleitung und Wärmewiderstand bei Wärmeübergang. Der Wärmewiderstand bei Leitung etwa eines quaderförmigen Feststoffvolumens beträgt

$$R_w = \frac{l}{A\lambda}, \tag{3/13}$$

wobei die Flußlänge mit l, der Flußquerschnitt mit A und die Wärmeleitfähigkeit mit λ bezeichnet werden.

Der an sich komplizierte Wärmeübergang an Oberflächen durch Konvektion in die Luft und durch Strahlung z. B. nach Oberflächen fester Körper in der Umgebung, wird üblicherweise durch die summarische Gleichung des Wärmeübergangswiderstandes R_{wS}

$$R_{wS} = \frac{1}{S_k\alpha_k + S_r\alpha_r} \tag{3/14}$$

zusammengefaßt. S_k und S_r sind die wärmetransportierenden Oberflächen, soweit sie von der Konvektion erfaßt werden (Index k) bzw. frei ausstrahlen können (Index r), ggf. die Hüllflächen; α_k und α_r sind die entsprechenden Wärmeübergangskoeffizienten in W m^{-2} K^{-1}. Oft genügt die vereinfachte Gleichung

$$R_{wS} \approx \frac{1}{S\alpha}, \tag{3/15}$$

worin S die gesamte Oberfläche und

$$\alpha = \alpha_k + \alpha_r \tag{3/16}$$

bedeutet. α_k und α_r sind etwas temperaturabhängig.

Für eine Umgebungstemperatur ≈ 20 °C und $\Delta\vartheta = 35\ (70)$ K ist

$\alpha_k \approx 6{,}0\ (7{,}1)$,
$\alpha_r \approx 1{,}6\ (1{,}9)$ bei mattblanker Metalloberfläche,
$\alpha_r \approx 5{,}4\ (6{,}5)$ bei anderen Oberflächen, besonders Hüllflächen.

Temperaturausgleich, Zeitkonstante

Bei Ausgleichsvorgängen nähert sich die Differenz bestimmter Zustände zweier Körper oder Volumenteile einem Endwert und die Geschwindigkeit der Annäherung ist normalerweise proportional zu der noch bestehenden Abweichung vom Endwert der Differenz. Dieser kann $=0$ oder $\neq 0$ sein. Mathematisch lassen sich solche Vorgänge bekanntlich durch die Exponentialfunktion $\exp x$ mit $x = (-t/\tau)$ darstellen[1]; t ist die Zeitspanne nach dem Zeitpunkt $t_0 = 0$ und τ die sogenannte Zeitkonstante. τ ist gleich der Zeitspanne, nach welcher der Endwert der Differenz erreicht wäre, wenn die Geschwindigkeit des Ausgleiches von irgendeinem Zeitpunkt ab bis zum Ende konstant bliebe.

Im Falle eines Temperaturausgleiches seien die Temperatur zum Zeitpunkt t mit $\vartheta(t)$, der Wert im Zeitpunkt t_0 mit ϑ_a und der zu erwartende Endwert mit ϑ_b bezeichnet. Dann gilt

$$\vartheta(t) = \vartheta_b - (\vartheta_b - \vartheta_a) \cdot \exp(-t/\tau)\,. \tag{3/17}$$

Die Zeitkonstante ergibt sich aus den Wärmekapazitäten C_1 und C_2 der Körper und aus dem Wärmewiderstand R_w auf dem Weg des Temperaturausgleichs

$$\tau = \frac{R_w}{\dfrac{1}{C_1} + \dfrac{1}{C_2}}\,. \tag{3/18}$$

Im Falle des Temperaturausgleiches eines thermisch einheitlichen Körpers mit einer Umgebung von praktisch unendlicher Wärmekapazität vereinfacht sich (3/18) zu

$$\tau = C R_w\,. \tag{3/19}$$

Die Wärmekapazität eines begrenzten Körpers der Masse m oder des Volumens V ist

$$C = mc = Vc_*\,, \tag{3/20}$$

wobei c die massenbezogene und c_* die volumenbezogene spezifische Wärmekapazität ist. Letztere kann u. a. nützlich sein, wenn m und/oder c nicht bekannt sind, da c_* für die meisten nicht gasförmigen oder porösen Stoffe ungefähr gleich ist, nämlich

$$c_* \approx 3 \cdot 10^6\ \mathrm{J\,m^{-3}\,K^{-1}}\,. \tag{3/21}$$

In (3/19) wurde ein Körper mit jeweils einheitlicher Temperatur vorausgesetzt. Bei Sicherungen trifft dies nur für den Fall der Temperaturanpassung

---

[1] $\exp x = e^x$; e = Basis der natürlichen Logarithmen $\approx 2{,}718$.

an die Umgebung angenähert zu, da hier die Zeitkonstante genügend groß ist. Für den wichtigen inneren Temperaturausgleich zwischen Teilen verschiedener Temperatur besagt (3/18), daß die Zeitkonstanten überwiegend durch die Teile mit der kleineren Wärmekapazität bestimmt sind.

Ist auch der Wärmewiderstand zwischen zwei Teilen klein, wie dies bei Sicherungen z. B. zwischen Schmelzleiter und Löschsand und insbesondere zwischen Engpässen und benachbarten Bereichen des Schmelzleiters der Fall ist, so sind hier sehr kleine Zeitkonstanten zu erwarten.

Die im Anschluß an (3/17) skizzierte Beschreibung von Temperaturvorgängen mittels der Exponentialfunktion setzt eine Wärmeleistung $P =$ const voraus, was bei Sicherungen praktisch nur für $P = 0$ zu erfüllen ist, d. h. für den Fall der Abkühlung. Bei Strombelastung erzeugt der positive Temperaturkoeffizient des spezifischen Widerstandes eine gegenseitige Rückwirkung zwischen Temperaturzunahme und Leistung [2/3]. Die Temperatur steigt allmählich auf höhere Werte und ein praktischer Beharrungszustand wird erst später erreicht.

Auf einige allgemeine Konsequenzen ist hinzuweisen. Voneinander unabhängige Wärmevorgänge überlagern sich auch hinsichtlich ihrer Zeitkonstanten. Die Wirkung aller vorangehenden Vorgänge klingt mit ihrer Zeitkonstante ab. Wenn Werte von Zeitkonstanten benötigt werden, wurden sie zweckmäßig aus Beobachtungen von Abkühlkurven abgeleitet. Berechnungen lassen sich nur unter vereinfachten Annahmen ausführen und können daher nur angenäherte Ergebnisse liefern.

3.4 Adiabatische Erwärmung

Adiabatische Erwärmung bedeutet, daß die im Schmelzleiter durch Stromfluß entstehende Wärme während der betrachteten Zeitspanne am Ort der Erzeugung verbleibt. Streng genommen gilt dies nur für eine Zeitspanne gleich null. Praktisch hängt die zulässige Zeitspanne von der Geschwindigkeit des Temperaturausgleiches der betreffenden Stelle des Schmelzleiters mit ihrer Umgebung ab. Daher soll die Zeitkonstante des Temperaturausgleiches auch im Falle eines konstanten Stromes ein Mehrfaches der betrachteten Zeitspanne sein, siehe Tabelle 5/1.

Aus der bekannten Physik der adiabatischen Erwärmung eines Leiters durch Stromfluß, etwa nach [2/3], sei das hier Wichtigste kurz wiedergegeben.

Gemäß Voraussetzung gilt für die Geschwindigkeit der Erwärmung eines vom Strom I durchflossenen Volumens V

$$\frac{\mathrm{d}\vartheta}{\mathrm{d}t} = \frac{I^2 R}{c_* V}, \tag{3/22}$$

wobei ϑ die Temperatur, t die Zeit und c_* die volumenbezogene spezifische Wärmekapazität bedeuten. Bezeichnet man den Querschnitt des Volumens mit A, seine Länge mit l und den spezifischen Widerstand mit ϱ, so wird mit $R = \varrho l/A$ und $V = Al$

$$\mathrm{d}\vartheta = \frac{\varrho}{A^2 c_*} I^2 \,\mathrm{d}t\,, \tag{3/23}$$

Nun sind außer A auch ϱ und c_* Funktionen der Temperatur, so daß sich (3/23) auch für $I = \mathrm{const}$ nur numerisch integrieren läßt. In [3/4] werden daher die temperaturabhängigen Werte auf die geometrischen Abmessungen bei 0 °C bezogen, und die Integration von (3/23) lautet für $I/A = J$

$$\int_0^{\vartheta_1} \mathrm{d}\vartheta = \vartheta_1 = \int_0^{t_1} \frac{\varrho(\vartheta)}{c_*(\vartheta)} J^2 \,\mathrm{d}t\,, \tag{3/24}$$

oder allgemein

$$\vartheta = f(\textstyle\int J^2 \,\mathrm{d}t) = f(k)\,, \tag{3/25}$$

wenn man $\int J^2 \,\mathrm{d}t = k$ setzt.

Bild 3/5 enthält Diagramme von $\vartheta = f(k)$ für die üblichen Schmelzleitermetalle. Die Originalkurven nach [3/4] für Silber, Kupfer und Aluminium lassen relative Fehler $\leqq 1\,\%$ erwarten. Weitere Kurven für Zink, Zinn und Blei sind vom Verfasser aus Tabellenwerten der Materialeigenschaften berechnet

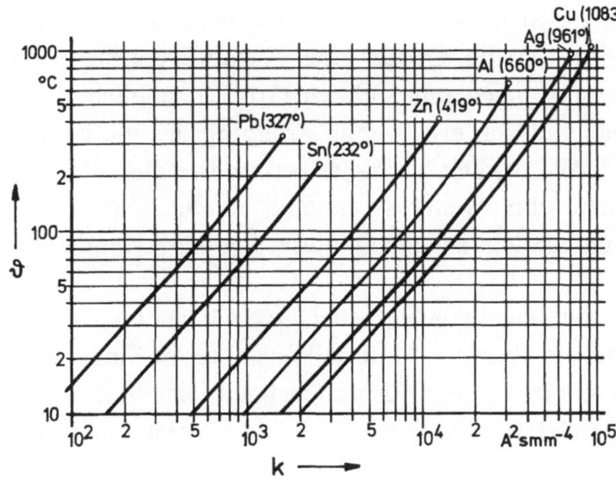

Bild 3/5. Gegenseitige Beziehung zwischen elektrothermischer Materialfunktion k üblicher Schmelzleitermetalle (Cu, Ag, Al, Zn, Sn, Pb) und Temperatur ϑ bis zur Schmelztemperatur ϑ_m

und können als ungefähre Angaben dienen. Extrapolationen nach negativen Temperaturen hin sind möglich, wenn man lineare Achsenteilungen verwendet.

$\vartheta = f(k)$ soll hier als „elektrothermische Materialfunktion" bezeichnet werden. ϑ bedeutet keine Temperaturerhöhung, sondern die Temperatur in °C. Die Funktionswerte können daher nicht ohne weiteres für adiabatische Erwärmungsvorgänge übernommen werden, die bei anderen Temperaturen als 0 °C beginnen, etwa bei ϑ_1. Vielmehr ist dann so zu verfahren, als ob die Anfangstemperatur ϑ_1 durch eine bei 0 °C beginnende adiabatische Erwärmung entstanden wäre. Der nach (3/25) korrespondierende Wert k_1 kann aus Bild (3/5) entnommen werden. Die gesuchte Endtemperatur ϑ_2 nach einer Temperaturerhöhung durch einen Stromdichteimpuls k_2 ist als

$$\vartheta_2 = f(k_1 + k_2) \qquad (3/26)$$

abzulesen, wobei die Temperatur sich um

$$\Delta\vartheta = \vartheta_2 - \vartheta_1 \qquad (3/27)$$

erhöht.

Beispiel: Silber; Anfangstemperatur $\vartheta_1 = 200$ °C; korrespondierender Wert $k_1 = 2{,}4 \cdot 10^4\ \mathrm{A^2\ s\ mm^{-4}}$; eine Belastung mit $k_2 = \int J^2\, \mathrm{d}t = 3{,}3 \cdot 10^4\ \mathrm{A^2\ mm^{-4}}$ ergibt eine Temperatur $\vartheta_2 = f[(2{,}4 + 3{,}3) \cdot 10^4\ \mathrm{A^2\ s\ mm^{-4}}] = f[5{,}7 \cdot 10^4\ \mathrm{A^2\ s\ mm^{-4}}] = 670$ °C. Die Temperatur erhöht sich um $\Delta\vartheta = (670 - 200)$ °C $= 470$ °C.

Berechnung des Δk-Bedarfes zur Erzielung einer bestimmten Temperatur, etwa der Schmelztemperatur, siehe Abschnitt 5.3.

Die elektrische Größe $J^2 t$ bzw. $\int J^2\, \mathrm{d}t$ wird nur für thermische Vorgänge in stromdurchflossenen Leitern und Halbleitern benötigt. Daher ist weder für sie noch für ihre abgeleitete SI-Einheit $\mathrm{A^2\ m^{-4}\ s}$ ein besonderer Name festgelegt. In der Praxis wird für die Größe eine Anzahl verschiedener Namen benutzt, wobei Verwechslungen mit anderen Größen möglich sind. Man behilft sich daher meistens durch ergänzende Zitierung des mathematischen Ausdruckes, etwa „$J^2 t$-Wert". Der Verfasser befürwortet den Namen „Stromdichteimpuls". Er dürfte ohne weiteres verständlich sein. Da es sich um einen thermischen Vorgang handelt, ist eine Quadrierung der Stromdichte selbstverständlich.

Nach vorstehendem kann der hierfür gelegentlich noch benutzte Begriff „Meyersche Konstante" nicht als absolute Materialkonstante im Sinne von Stromdichteimpuls zum Abschmelzen gelten. Es muß vielmehr eine bestimmte Ausgangstemperatur vorausgesetzt werden, etwa 20 °C als Normtemperatur einer unbelasteten Sicherung.

3.5 Stationäre Temperaturzustände

Allgemeines

Ein gleichbleibender oder stationärer Temperaturzustand entsteht, wenn eine Sicherung während einer ausreichenden Zeitspanne mit konstantem Strom unter konstanten Bedingungen des Wärmeabflusses belastet wird und sich dabei weder ändert noch unterbricht. Bei relativ kleinen Belastungsströmen bis etwa 20% des kleinsten Schmelzstromes genügt eine Zeitspanne von $\geqq 3\tau_1$. Bei Annäherung an den kleinsten Schmelzstrom wächst die erforderliche Zeitspanne auf $\geqq 10\tau_1$ (Abschnitt 5.4, Tabelle 5/1).

In stationärem Zustand ist der abfließende Wärmestrom gleich der elektrischen Leistung:

$$\Phi = P = I^2 R\,. \qquad (3/28)$$

Es interessieren im besonderen die hierdurch entstehenden Übertemperaturen, d. h. die stationäre Temperaturerhöhung der Sicherungsteile gegenüber der in einigem Abstand, etwa 1 m, in gleicher Höhe zu messenden Temperatur der Umgebung, die als gemeinsame Basis des Wärmeabflusses auf verschiedenen Wegen angesehen werden kann.

Die höchsten Übertemperaturen sind in den Bereichen höchster Leistungsdichte zu erwarten, d. h. im Schmelzleiter. Der spezifische Widerstand der üblichen Schmelzleitermetalle Kupfer und Silber nimmt aber bekanntlich mit wachsender Temperatur ungefähr linear zu, so daß die Leistung und dadurch die mittlere Übertemperatur des betreffenden Schmelzleiters stärker als das Quadrat des Belastungsstromes wachsen, bei Annäherung an den kleinsten Schmelzstrom fast mit der dritten Potenz. Auch die hiervon abhängigen Übertemperaturen anderer Stellen der Sicherungen wachsen entsprechend.

Der Wärmeabfluß geht über verschiedene parallele Wege. Ein axialer Anteil fließt durch Leitung nach den Kontaktteilen und Leitungen hin. Er ist in erster Annäherung proportional zum Querschnitt des Schmelzleiters und umgekehrt proportional zu dessen Länge. Bei Niederspannungs-Sicherungseinsätzen großen Nennstromes ist er daher besonders hoch und kann bis zur Hälfte der gesamten Wärmeerzeugung betragen. In [3/15] werden die quantitative Auswirkung des axialen Wärmeflusses auf die Übertemperatur von Anschlüssen und die hierbei wirksamen Kennwerte von Sicherungen und Leitungen behandelt. [1/3] enthält neben einigen Beobachtungen eine Zusammenfassung analytischer Methoden.

Der radiale Anteil des Wärmeabflusses beruht einerseits auf Konvektion mittels der umgebenden Luft, andererseits auf Strahlung. Die entsprechenden Wärmewiderstände sind nach (3/13) bis (3/16) zu berechnen. Der gemeinsame Wärmeleitwert ist die Summe der parallelen Wärmeleitwerte, wobei Leitwert und Widerstand reziproke Größen sind.

Besondere Umgebungsbedingungen als Parameter

Stationäre Übertemperaturen können durch besondere thermische Umgebungsbedingungen beeinflußt werden.

a) Für den Wärmeabfluß durch Konvektion stellt die Temperatur der unmittelbar kühlenden Luft die primäre Temperaturbasis dar. Sie erwärmt sich ihrerseits und erhält einen Auftrieb. Trifft vorerwärmte Luft andere Oberflächenteile, so wird ihre Temperatur dort zur Temperaturbasis und es entstehen entsprechend höhere Oberflächentemperaturen. Bei selbständiger Konvektionskühlung beobachtet man daher an den oberen Teilen stets höhere Übertemperaturen als es der Verteilung der Leistung entspricht.

b) Störungen des freien Auftriebes der Luft durch Hindernisse, z. B. Abdeckungen, vermindern den Wärmeabfluß, da die Luft sich stärker erwärmt und dadurch die Temperaturbasis erhöht wird. In besonderem Maße geschieht dies durch praktisch geschlossene Gehäuse und Kapselungen, in deren oberen Teilen sich fast ruhende Warmluftpolster bilden.

c) Für den Wärmeabfluß durch Strahlung ist die Oberflächentemperatur umgebender praktisch fester Körper die Temperaturbasis. Fremde Oberflächen höherer Temperatur verursachen einen entsprechenden Wärmezufluß.

d) Für den Wärmeabfluß durch Leitung über feste Körper, z. B. angeschlossene Leitung oder Unterteile, ist die Temperatur am Ende dieser Wege die Temperaturbasis.

Die praktischen Auswirkungen können erheblich sein. Innerhalb von Kapselungen kann sich z. B. die Temperaturbasis um Beträge der Größenordnung der Übertemperatur bei freier Konvektion erhöhen. Nach [3/16] steigen in nicht ventilierten Einzelgehäusen aus Metall die mittlere Innentemperatur und die Temperatur der Innenteile um je etwa $\Delta\vartheta \approx 0{,}23 P/S$ (in K) an, wobei P die durch die Gehäusewandung abzuführende Leitung in W und S die gesamte Gehäuseoberfläche in m^2 ist. P ist hier die Summe aller Einzelleistungen innerhalb des Gehäuses abzüglich des Wärmeabflusses durch die austretenden Leitungen. (3/15) mit (3/16) ergeben für den Wärmeübergang an der inneren und an der äußeren Oberfläche der Gehäusewand jeweils Temperatursprünge von je $\approx 0{,}1 P/S$, zusammen $\approx 0{,}2 P/S$ in praktischer Übereinstimmung mit [3/16].

Für ein bestimmtes Gehäuse kann man daher einen die Innentemperatur erhöhenden Wärmeabflußwiderstand $R_w = \Delta\vartheta/P$ in K/W ermitteln.

3.6 Intermittierende Vorgänge, Wechsellast

Die zur Beschreibung intermittierender Erwärmungsvorgänge bekannten Gleichungen, etwa in [3/17], gehen von einer einheitlichen Temperatur des gesamten Körpers und von einfacher und gleicher Zeitkonstante für Erwärmung und Abkühlung aus. Diese Voraussetzungen treffen für Sicherungen im allgemeinen nicht zu. Wegen der je nach Form und Abmessungen der einzelnen Teile sehr unterschiedlichen Zeitkonstanten des inneren Temperaturausgleiches und ihrer gegenseitigen Überlagerung (Abschnitt 3.3) ist man praktisch auf Einzelbeobachtungen angewiesen.

3.7 Thermische Kenngrößen

Als thermische Kenngrößen kommen hauptsächlich in Betracht:

a) Verlustleistung einer vollständigen Sicherung oder eines Sicherungsteiles in W als $f(I)$; Nennverlustleistung P_N als Einzelgröße für $I = I_N$.
Parameter: Umgebungstemperatur, im allgemeinen (20 ± 5) °C, Stromart und Wärmeabfluß wie bei Erwärmungsversuch nach der angegebenen Norm.

b) Wärmeabflußwiderstand (Temperatursteigerungskonstante) R_w einer festgelegten die freie Konvektion behindernden Anordnung, etwa eines Gehäuses, in K/W.

c) Übertemperatur an einer bestimmten Stelle in K.
$\Delta\vartheta$ für P_N oder als $f(P)$;
$\Delta\vartheta$ für I_N oder als $f(I)$.
Parameter: wie bei Erwärmungsversuch nach der angegebenen Norm.

d) Wärmekapazitäten in JK^{-1}.
Parameter: für angegebene Teile der Sicherung oder die Sicherung als Ganzes.

e) Wärmezeitkonstanten in s.
Parameter: Partner des Wärmeaustausches innerhalb der Sicherung oder der Sicherung als Ganzes oder einer Sicherungskombination mit Gehäuse gegenüber der Umgebung.

3.8 Literatur

3/1. Epheser; Stallmann: Konforme Abbildungen eines Parallelstreifens mit Halbkreiskerbe. Arch. Math. 3 (1952)

3/2. Großkopf, R.: Kurze Sicherungsschmelzleiter unter Flüssigkeit zum Schutz von Starkstromanlagen bei Kurzschlüssen. VDI-Z. 109 (1966) 310

3/3. Weißgerber, W.: Untersuchungen über die Temperaturfelder von Hochspannungs-Hochleistungs-Sicherungen. Diss. Techn. Univ. Hannover 1971

3/4. Großkopf, R.: Eine neue Abbildungsfunktion, dargestellt in Anwendung auf das elektrische Strömungsfeld in Sicherungsschmelzleitern. Elektrotech. Z. (ETZ) A 88 (1967) 508–510

3/5. Sabaneeva, G. I.: Berechnung des Widerstandes eines Flachleiters von unregelmäßigem Querschnitt (Russ.). Elektroteknika (USSR) Nr. 2 (1966) 56–58

3/6. Beluga, N. S.: Berechnung eines zweidimensionalen elektrischen Feldes von Leitern mit beliebigem Querschnitt (Russ.). Radiotekh. Elektron. (USSR) 17 (1972) 1987–1990

3/7. Novotný, B.: Der Schutz von Halbleiterdioden mittels Sicherungen. Wiss. Z. Hochsch. Elektrotech. Ilmenau 9 (1963) 685–689

3/8. Fischer, J.: Die stationäre Temperatur stromdurchflossener, mäßig langer Drähte. Arch. Elektrotech. 15 (1951) 141–171

3/8a. Vermij, L.: Die Erwärmung von Schmelzdrähten als Folge eines Stromdurchgangs (Holl.). Electro-Tech. (Niederl.) 44 (1966) 308–317

3/9. Guile, A. E.; Carne, E. B.: An Analysis of an analogue solution applied to the heat conduction problem in a cartridge fuse (Engl.). Trans. AIEE 72 (1954) Part I, 861–868

3/10. Barbu, I.: Steady state electric and thermal phenomena associated with operation of fuses (Rum.). Electrotehnica (Rumänien) 17 (1969) 137–143

3/11. Barbu, I.: Contributions in connection with the differential equation establishment of the variable section fuse heating (Rum.). Lucr. ICPE (Rumania) Nr. 26 (1971) 65–75

3/12. Leach, J. G.; Wright, A.; Newbery, P. G.: Analysis of high-rupturing-capacity fuselink prearcing phenomena by a finite-difference method (Engl.). Proc. IEE Power 120 (1973) 987–993

3/13. Barbu, I.: Steady thermal phenomena in fuses with variable cross-section (Engl.). Int. Conf. "El. Fuses and their appl.", Liverpool (GB) Apr. 1976, Conf. Pap., S. 14–20

3/14. Avramescu, A.: Die adiabatische Erwärmung von Kupfer-, Aluminium- und Silberleitern. Rev. Electrotech. Energ./Ed. de l'Acad. Républ. Pop. Roumaine 2 (1957) 5–15

3/15. Johann, H.: Wärmeausgleich und Übertemperatur an Geräteanschlüssen. Elektrotech. Z. (ETZ) A 85 (1964) 14–22

3/16. Baxter, H. W.: The effect of enclosure on the temperature rise of fuses (Engl.). E.R.A.-Rep. (GB) G/T 297 (1955); El. Times 129, (1956) H. 3349, 66

3/17. Kesselring, F.: Theoretische Grundlagen zur Berechnung der Schaltgeräte. 4. Aufl. Berlin: de Gruyter 1968

4 Zerfallsvorgänge

4.1 Allgemeines

Bei den hier behandelten Sicherungsarten setzt ein Ausschaltvorgang einen vorangehenden und nicht reversiblen geometrischen Zerfall eines Schmelzleiterabschnittes voraus. Er muß durch einen Abschmelzvorgang eingeleitet und durch diesen oder durch die darauf folgenden Auswirkungen des Ausschaltlichtbogens auf das jeweils ausreichende Maß ausgedehnt werden.

Unter Abschmelzen versteht man im allgemeinen Sprachgebrauch, daß aus beliebiger Ursache geschmolzene Teile eines Körpers sich unter der Einwirkung einer beliebigen Kraft von den noch festen Teilen entfernen. Bei Sicherungen bezeichnet es im besonderen jeden Vorgang, bei dem durch eigene Stromwärme flüssig gewordene Teile des Schmelzleiters über dessen gesamten Querschnitt ihre Form so ändern, daß der Schmelzleiter dadurch zerfällt, also der ursprüngliche elektrische Zusammenhang zwischen festen Teilen in nicht umkehrbarer Weise aufgehoben wird.

Folgende Arten des Zerfalles lassen sich unterscheiden:

a) Primärer Zerfall, wenn und soweit die Schmelztemperatur innerhalb eines bestimmten Abschnittes des Schmelzleiters gleichzeitig erreicht wird. Die Länge des Abschnittes kann auch fast null sein.
b) Sekundärer Zerfall, wenn das Abschmelzen durch einen anderen Vorgang unterhalb der Schmelztemperatur des Schmelzleiters herbeigeführt wird.
c) Zerfall durch Elektrodenabbrand, wenn im Anschluß an einen Vorgang a) oder b) der Schmelzleiter durch überwiegende Wärmewirkung des Ausschaltlichtbogens weiter abschmilzt.

4.2 Primärer Zerfall

Durch die Einbettung in das Löschmittel wird der Schmelzleiter mechanisch abgestützt. Er kann sich nicht mehr unter Wirkung der Schwerkraft durch einfaches Abtropfen flüssig gewordener Abschnitte auftrennen, wie es bei Schmelzleitern in Luft möglich ist. Man nahm daher zunächst an, daß der Zerfall erst nach weiterer Aufheizung durch Verdampfen erfolgt. In Wirklichkeit genügt jedoch auch hier das Erreichen der Schmelztemperatur an irgendeiner Stelle [1/2] auch bei sehr kurzen Schmelzzeiten. Dies läßt sich z. B. leicht durch einen Vergleich der Stromimpulswerte bis zum Lichtbogenbeginn zeigen, die einerseits aus Oszillogrammen zu entnehmen sind und andererseits nach Abschnitt 3.4 berechnet werden.

Diese Tatsache ist nicht ohne weiteres zu erwarten, läßt sich aber aus dem Mechanismus des Abschmelzvorganges erklären. Er hängt ab von der Höhe des Stromes sowie vom Querprofil und gegebenenfalls von der kristallinen Struktur des Schmelzleiters.

In [4/1, 2] werden Kupfer und Silberdrähte nach Schmelzzeiten von etwa 10^{-3} bis 1 s untersucht, wobei durch Wahl geeigneter Konstanten des Stromkreises so kurze Löschzeiten angestrebt wurden, daß dadurch die Schmelzleiterreste annähernd in ihrer Form unmittelbar nach Zerfall erhalten bleiben. Einzelheiten sind in Tabelle 4/1 wiedergegeben. Für harte Struktur ergaben sich fünf Zerfallstypen unabhängig vom Material. Höhere Stromdichten erzeugten regelmäßig einen Zerfall in eine Anzahl getrennter Tropfen. Bei weicher Struktur war dies nicht der Fall, jedoch ließen die Oszillogramme keine deutlichen Unterschiede des elektrischen Ablaufes erkennen.

Eine Vorstufe der schon vor längerer Zeit beobachteten Tropfenbildung [4/3] ist die sogenannte Unduloid-Verformung bei Zerfall sowohl in Sand als auch in Luft. Dabei ändert der wenigstens teilweise flüssig gewordene Schmelzleiter zuerst wellenförmig seine Dicke [1/2, 4/4] und die Trennung geschieht an den

Tabelle 4/1. Zerfallsmechanismus von Drähten als Funktion des Überstromes und der Stromdichte; nach [4/2]

Stufe	I_0/I_N a	J A/mm² b	Größenordnung der entspr. virtuellen Schmelzzeit, s c	Art der Zerfallserscheinung
1	$\leqq 5$	$\leqq 800$	$>10^0$	einzelne Zerfallsstelle mit
1a	$\leqq 8$	$\leqq 1300$	$>10^{-1}$	folgendem Elektrodenabbrand
2	4 ... 10	650 ... 1600	10^0 ... 10^{-1}	unregelmäßiger Zerfall
2a	6 ... 12	1000 ... 2000	10^0 ... 10^{-1}	
3	8 ... 15	1300 ... 2400	10^{-1} ... 10^{-2}	Zerfall in Tropfenkette
4	12 ... 17	2000 ... 2800	10^{-2} ... 10^{-3}	Mischung zwischen Stufen 3 und 5
5	>17	$\leqq 2800$	$<10^{-3}$	Zerfall mit quergestreiftem Sinterkörper

Stromkreis: Gleichstrom $U \leqq 300$ V, fast induktionsfrei
Draht: Kupfer D = 0,25 mm, I_N = 10 A; hart
Silber D = 0,35 mm, I_N = 16 A; bei 1a und 2a sehr weich, sonst hart
a Strom bei Lichtbogenbeginn, bezogen auf Nennstrom
b Stromdichte J bei Nennstrom 160 A/mm², hieraus J für I_0/I_N berechnet
c Aus Oszillogrammen

schwächer gewordenen Abschnitten. Diese markieren sich bei ausreichendem Spannungsgradienten im späteren Sinterkörper als dunklere Streifen. In [4/4] und [4/5] wird der unterschiedliche Zerfall harter und weicher Drähte bestätigt und zusätzlich festgestellt, daß er z. B. auch bei gleichmäßiger Erhitzung etwa in einer Gasflamme auftritt. Bei harten Drähten lassen sich die Abstände h der Verdickungen nach [4/6] durch empirische Gleichungen in Abhängigkeit vom Durchmesser d der Drähte darstellen, für mäßige Stromdichten durch $h = 5{,}33d$, für hohe Stromdichten durch $h = (0{,}555 + 2{,}08d)$ mm. Auch weiche Drähte schmelzen naturgemäß nicht über längere Strecken vollkommen gleichzeitig. Zufällig zuerst geschmolzene Teile werden z. B. durch die für Flüssigkeiten bekannte Oberflächenspannung zu Tropfen zusammengezogen. Über die theoretisch anzunehmende Mitwirkung des Pinch-Effektes bei dem Zerfall zu Tropfen siehe Abschnitt 2.5.

Bei (wahrscheinlich harten) Bändern gleichmäßigen Profils beginnt nach [4/7] der Zerfall durch Schmelzen schmaler Zonen, die in ungefähr regelmäßigen Abständen quer zur Stromrichtung verlaufen. Bei Bändern der Dicke $d = 0{,}1$ mm und Breiten $b = 2{,}5$ bis 10 mm beträgt der mittlere Abstand der Zonen $\lambda = (1{,}9 + 0{,}15b)$ mm. Ferner sind hier Beobachtungen an Schmelzbändern mit Engpässen zu erwähnen [4/8]. Hochfrequente Bildaufnahmen zeigen, daß die Randbereiche der Engpässe zuerst schmelzen, weil hier die Stromdichte stärker erhöht ist, vgl. Abschnitt 3.2, Bild 3/3. Das bereits flüssige Metall wandert infolge Adhäsion und insbesondere wegen des Pinch-Effektes und erstarrt auf den benachbarten noch kühleren Teilen. Ein sehr schmaler Spalt beginnt zu entstehen. Im Rest des Engpasses wächst die Stromdichte. Die betreffenden Erscheinungen verstärken sich wechselseitig, und die völlige Auftrennung des Schmelzleiters erfolgt früher als sie nach dem geometrischen Querschnitt zu erwarten wäre.

Die Befunde nach [4/7] lassen sich durch die plausiblen Annahmen erklären, daß breitere Bänder bei schnellen Stromänderungen durch Skineffekte am Rande schneller erwärmt werden und an einzelnen Stellen durch Zufälligkeiten etwas früher schmelzen, wobei ihr spezifischer Widerstand sich erhöht. Dies wirkt wie eine Kerbung und erzeugt Effekte wie ein Engpaß.

Im Randbereich eines Engpasses ist die relative Erhöhung der Stromdichte besonders groß, wenn der Engpaß durch eine spitz zulaufende Kerbe entsteht. Gegenüber einer dem geometrischen Restquerschnitt entsprechenden gleichmäßigen Stromdichte kann die adiabatische Schmelzzeit erheblich verkürzt werden. Der Effekt tritt bei Annäherung der Schmelzzeit an die Zeitkonstante des Wärmeausgleiches τ_6 nach Tabelle 5/1 in Erscheinung; siehe auch Abschnitt 5.5. Für die üblichen Schmelzleitermetalle Cu und Ag und die übliche Bemessung der Schmelzbänder sind hierzu mittlere Stromdichten über etwa 3000 A/mm^2 erforderlich.

Bei wesentlich höheren Stromdichten, etwa ab 10^5 A/mm^2, verlaufen die Zerfallsvorgänge explosionsartig. Die erforderlichen Voraussetzungen sind aber bei praktischer Verwendung von Sicherungen nicht vorhanden und nur in besonderen Versuchsanordnungen zu realisieren, so daß das Interesse hieran im wesentlichen physikalischer Art ist. Von einer Besprechung des sehr umfangreichen Schrifttums wird daher abgesehen und lediglich auf [4/9] mit ausgedehnter Literaturübersicht verwiesen. Zur Theorie des primären Zerfalls siehe auch Abschnitt 6.6.

4.3 Sekundärer Zerfall

Allgemeines

Sekundärer Zerfall setzt nach Abschnitt 4.1 stets einen zusätzlichen Vorgang voraus. Ist dieser Vorgang nur eine ungewollte Folge des Betriebes, so bedeutet er eine Abnutzung und eine Verschlechterung der Eigenschaften.

[1/2] und [4/10] enthalten Beispiele für Abnutzung durch Oxidation von Kupferschmelzleitern. Ist dagegen die Verknüpfung eines zusätzlichen Vorganges und eines daraus resultierenden Zerfalles gewollt, so werden damit zusammenhängende unbeabsichtigte Eigenschaften besser als Alterung bezeichnet.

In der Praxis dient sekundärer Zerfall eines Schmelzleiters als ein Mittel zur Herabsetzung der Verlustleistung und/oder zur Erzielung einer verzögerten Zeit-Strom-Kennlinie. [4/11—15] und [1/3] enthalten Beispiele ausgeführter Konstruktionen nach verschiedenen Methoden und behandeln Langzeit- und Alterungserscheinungen und deren praktische Auswirkung auf die betriebliche Beständigkeit.

Unabhängig von der benutzten Methode zur Erzielung eines sekundären Zerfalles hat die gegenüber einem primären Zerfall niedrigere Zerfallstemperatur einige Konsequenzen. Damit sie bei dem vorgesehenen Strom nach der vorgesehenen Zeit auftritt, muß der Schmelzleiter relativ stärker als für primären Zerfall bemessen werden. Dies ergibt zwar die vorstehend erwähnten gewünschten Eigenschaften, erschwert aber zwangsläufig den Ausschaltvorgang, und die niedrigere Zerfallstemperatur als solche steigert die Abhängigkeit der Zeit-Strom-Kennlinie von der Umgebungstemperatur [4/12], vgl. auch Abschnitt 5.6. Daher kann die Temperatur, bei der ein sekundärer Zerfall eintritt, nicht beliebig niedrig gewählt werden.

Methoden und konstruktive Lösungen

Wenn ein Schmelzleiter einen genügend langen Abschnitt aus einem Metall (oder einer Legierung) mit niedrigerem Schmelzpunkt enthält, so kann dieser Abschnitt ohne stärkere Wechselwirkung mit den übrigen Teilen des Schmelzleiters für sich zerfallen. Es handelt sich dann um einen primären Zerfall. Hierzu ist auch die sogenannte Borsäure-Sicherung [4/16] zu rechnen, bei der ein Abschnitt des Schmelzleiters aus einer Zinn-Blei-Legierung mit Borsäureumhüllung besteht. Letztere verhindert eine Oxidation und erleichtert den Zerfall in Tropfen, da sie eine günstigere Oberflächenspannung hervorruft. Das Prinzip ist nur bei Sicherungen kleineren Nennstromes anwendbar.

Die am meisten angewandte Methode zur Erzielung eines sekundären Zerfalls benutzt metallurgische Vorgänge. Eine verhältnismäßig kleine Menge eines Metalles oder einer Legierung mit niedrigerem Schmelzpunkt, z. B. eines Weichlotes, ist so gewählt und angeordnet, daß sie nach Flüssigwerden an einer bestimmten Stelle auf den Schmelzleiter wirkt und ihn dort zerstört.

Das Weichlotdepot kann etwa in Form eines Niets oder einer aufgelöteten Perle oder durch Einbringen in Rinnen oder andere Vertiefungen angebracht sein. Auch können zwei Teile eines Schmelzleiters durch Weichlot miteinander verbunden sein, wobei sich die Teile entweder überlappen oder zwischen ihnen eine Lotbrücke vorhanden ist, siehe Bild 2/3. Diese Grundanordnungen werden manchmal variiert, um den Effekt in einer gewünschten Richtung zu beeinflussen. Beispielsweise werden zu beiden Seiten einer Lotbrücke besondere etwa durch Engpässe festgelegte Zerfallstellen oder je eine Lotbrücke vor und hinter der vorgesehenen Zerfallstelle angeordnet. Bild 4/1 zeigt hierfür Beispiele.

Meistens besteht der Schmelzleiter entweder aus Kupfer oder aus Silber oder deren Legierungen. Als niedrig schmelzende Metalle werden meist Zinnlegierungen verwendet, z. B. SnPb, SnCd, auch Sn allein, gelegentlich metallisches Selen. Das Weichlotdepot behält nach dem Flüssigwerden im wesent-

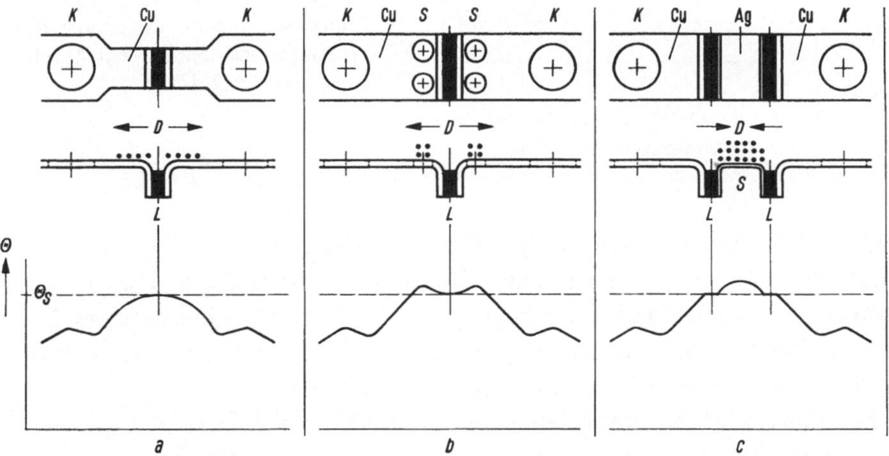

Bild 4/1. Anordnungen von Weichlotdepots auf Schmelzleitern mit verkleinertem Querschnitt am gewünschten Zerfallsort S [4/15]. Untere Kurven: Temperaturverlauf. Darüber: Hauptrichtungen der Benetzung des Schmelzleiters durch Weichlot mit Andeutung der Konzentration

lichen zunächst seine Form und durch Adhäsion auch seine Lage bei. Auch leitet es (unter nicht ins Gewicht fallender Widerstandserhöhung) gegebenenfalls weiter den Strom als flüssige Brücke. Bei einer von der Zusammensetzung des Lotes abhängigen höheren Temperatur beginnt das Lot, das Schmelzleitermetall an den Berührungsflächen aufzulösen. Dadurch vermindert sich der Querschnitt des Schmelzleiters, und sein Widerstand wächst an diesen Stellen.

Das Lot wird durch das eindiffundierende Schmelzleitermetall zu einer Legierung gegebenenfalls höheren Grades. Sein spezifischer Widerstand nimmt erheblich zu, z. B. bei Zinnlegierungen bis etwa auf das Vierfache bei 50 At.-%.

Bei höherer Temperatur kann flüssiges Lot mehr Schmelzleitermetall und dieses daher schneller auflösen, wie die metallurgischen Zustandsdiagramme zeigen. Ein Beispiel hierfür ist in Bild 4/2, Zustandsdiagramm von AgSn,

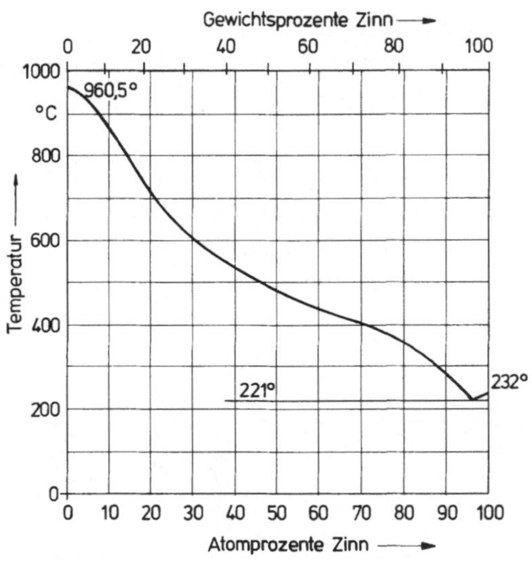

Bild 4/2. Zustandsdiagramm der Legierung Silber-Zinn nach [4/17], stark vereinfacht. Grenzlinie des flüssigen Zustandes; eutektische Temperatur (221 °C)

nach [4/17] wiedergegeben. Der jeweilige Temperaturwert der Grenzlinie des flüssigen Zustandes der Legierung zeigt in der Abszisse die hierbei nötigen Anteile zur vollständigen Verflüssigung des anderen Legierungspartners. Für andere Weichlote und Weichlotlegierungen sind die Verhältnisse im Prinzip ähnlich, ebenso, wenn Silber durch Kupfer ersetzt wird.

Metallurgische, elektrische und thermische Vorgänge beschleunigen sich gegenseitig, bis der vom Lot beeinflußte Schmelzleiterquerschnitt völlig in eine flüssige Legierung umgewandelt ist und wie bei primärem Zerfall an einer hierfür geeigneten Stelle durch die Oberflächenspannung zerrissen wird. Während dieser Vorgänge nimmt der Widerstand der Sicherung etwa so zu, wie Bild 4/3 zeigt, wobei die steile Zunahme sich selbstverständlich auf den

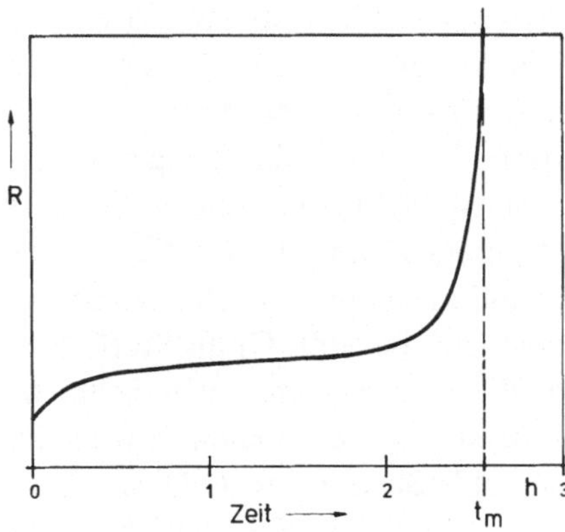

Bild 4/3. Zeitlicher Widerstandsverlauf eines bei geringem Überstrom abschmelzenden Sicherungsschmelzleiters mit Lotbrücke (siehe Text)

metallurgisch veränderten Teil beschränkt. Der anfängliche mäßige Anstieg wird durch die Zunahme des spezifischen Widerstandes des Schmelzleitermetalls verursacht und ist daher reversibel. Der Wendepunkt der Widerstandskurve zeigt den Beginn des nicht reversiblen Abschmelzvorganges an.

Ein bestimmtes Schmelzleitervolumen wird nur dort bei nicht zu hohen Temperaturen aufgelöst, wo das Verhältnis Lotvolumen:Schmelzleitervolumen groß genug ist. Anderenfalls zieht sich der Vorgang über einen zu großen Temperatur- und Zeitbereich hin, d. h. die Sicherung altert bereits bei Belastungen erheblich unterhalb der Zeit-Strom-Kennlinie, vgl. Abschnitt 3.4.

Damit ein sekundärer Zerfall nach Beginn möglichst rasch verlaufen kann, sollen zur Einleitung verwendete Weichlote folgende Eigenschaften haben:

a) Das Schmelzleitermetall, z. B. Silber oder Kupfer, soll bereits bei nicht zu hoher Temperatur, möglichst unter 300 °C, gut löslich sein.
b) Das geschmolzene Lot soll das Schmelzleitermetall gut benetzen.
c) Die Löslichkeit soll bei niedrigerer Temperatur, z. B. unterhalb 200 °C, möglichst gering sein.

Forderung a) wird z. B. von Zinn und Cadmium, nicht aber von Blei (rein oder als Legierungspartner) erfüllt. Forderung b) wird von Legierungen wegen ihres niedrigeren Schmelzpunktes meist leichter erfüllt als von Reinmetallen. Forderung c) setzt die Verwendung von Reinmetallen oder eutektischen Legierungen voraus, die sofort vollständig schmelzen und deren Schmelzpunkt nicht zu niedrig ist. Nicht eutektische Legierungen enthalten nämlich zwischen der eutektischen Temperatur und der (höheren) Schmelztemperatur Anteile, welche die Auflösung von Schmelzleitermetall verzögern. Besonders ungünstig sind wismuthaltige Legierungen. Günstig können geringe Zusätze (wenige Prozente) eines Metalles sein, die innerhalb eines beschränkten Temperaturbereiches oberhalb des Schmelzpunktes (etwa bis 250 oder 280 °C) die Auflösung des Schmelzleitermetalles zurückdrängen, etwa Antimon oder Silber [4/18], oder Zink [4/19].

Für die Eignung eines Lotes als metallurgischer Wirkstoff kommt es also weniger auf die Schmelztemperatur als vielmehr auf die Grenze zwischen den Temperaturbereichen geringer und starker Auflösungsfähigkeit an.

Eine andere gelegentlich angewandte Methode zur Herabsetzung der Verlustleistung beruht auf chemischen Vorgängen [4/14, 20]. Eine Perle oder Pille umhüllt einen kurzen Abschnitt des Schmelzleiters und enthält keine metallischen Stoffe, sondern chemische Verbindungen, die je nach Zusammensetzung von bestimmten Temperaturen (etwa 300 bis 700 °C) ab Stoffe freigeben, insbesondere Halogene, etwa Jod, die ihrerseits mit dem Schmelzleitermetall elektrisch isolierende Verbindungen eingehen. Dadurch wird der stromleitende Querschnitt geschwächt und schließlich zerstört. Dieser Vorgang beschleunigt sich mit der Zunahme der Temperatur, die auch ihrerseits durch die Abnahme des Querschnittes beschleunigt wird.

Trotz Zeitverkürzung wird jedoch die Abschmelztemperatur nicht erniedrigt, weil keine Legierung entsteht. Da Halogene und die meisten anderen in Frage kommenden aggressiven Zersetzungsprodukte bei den betreffenden Temperaturen dampfförmig sind, können sie sich bereits bei mäßigen Überlastströmen unter Umständen so weit verflüchtigen, daß sie später bei stärkeren Überlastungen, die zum Abschmelzen führen sollen, nicht mehr ausreichend zur Verfügung stehen. Dann kann der Schmelzstrom sich unzulässig erhöhen.

Metallurgisch oder chemisch wirkende und nur in geringer Menge verwendete Zusatzstoffe bezeichnet man häufig als „Wirkstoffe".

Weiter wurden Konstruktionen mit einer unter Federspannung stehenden und durch Verlötung zusammengehaltenen Parallelstrecke bekannt, die außerhalb des Löschsandes angeordnet ist. Bei Überlastströmen erweicht das Lot, und die Parallelstrecke öffnet sich. Ein in Löschsand liegender schwacher Schmelzdraht übernimmt dann den Gesamtstrom und schmilzt alsbald ab. Kurzschlußströme werden durch einen in Reihe liegenden stärkeren Schmelzleiter ausgeschaltet, bevor die Parallelstrecke öffnet [4/11, 21]. Nach diesem Prinzip lassen sich zwar metallurgische und chemische Alterungsprozesse vermeiden, die vorgesehene Funktion ist jedoch abhängig von mechanischen Faktoren (Festigkeit der Lötverbindung, Aufrechterhalten der Federkraft) und daher nicht mehr zwangsläufig durch einen Schmelzvorgang bestimmt.

Änderung der Eigenschaften durch Abnutzung

Es ist bekannt [1/2, 4/10], daß Schmelzleiter aus Kupfer, dessen Schmelztemperatur 1083 °C beträgt, bereits von 250 °C ab oxidieren, zunächst langsam, und daß bei lang dauernder Belastung durch die allmähliche Verringerung des stromleitenden Querschnittes die Temperatur entsprechend steigt und der Vorgang sich beschleunigt.

Wechselnde Belastung begünstigt durch „Atmen" der Sicherung und Abspringen der Oxidschicht den Zutritt von Sauerstoff und wirkt ebenfalls beschleunigend. Selbst ein dichter Silberüberzug schützt nur beschränkt, da bei höheren Temperaturen Sauerstoff durchdiffundiert. Auch Verzinnung bringt keinen Nutzen. Zinn und Kupfer bilden durch Diffusion eine Legierung erhöhten Widerstandes, vgl. vorangehenden Abschnitt. Diese Art der Abnutzung von Kupferschmelzleitern kann verhindert werden, wenn ein sekundärer Zerfall bei Temperaturen unterhalb von 250 °C eingeleitet wird.

Silber als Edelmetall oxidiert kaum, und etwa gebildete Oxide werden ab rund 200 °C wieder selbsttätig zu Metall reduziert. Oberhalb von etwa 500 °C kann es jedoch durch Einwirkung des Löschsandes zu mechanischen Abnutzungsvorgängen kommen und dadurch kann unter Umständen der Schmelzleiter zerstört werden. Dabei wirkt mit, daß die Festigkeit des Silbers, insbesondere in warmem Zustand, sich durch Rekristallisation auf geringe Bruchteile vermindert. Bei Temperaturschwankungen durch Wechselbelastung entstehen Druck- und Zugspannungen, die infolge Einbettung in den Sand zu Überbeanspruchungen einzelner Stellen führen können, an denen der Schmelzleiter bei Abkühlen reißt. Durch Richtungswechsel im Verlauf des Schmelzleiters ist eine Verbesserung möglich [4/22].

Andere Vorgänge ergeben sich daraus, daß der Löschsand in der Nähe des Schmelzleiters die höchste Temperatur annimmt. Nach unveröffentlichten Beobachtungen des Verfassers bewirkt die Wärmedehnung des Sandes bei sehr dichter Packung einen hohen Druck auf den Schmelzleiter, und das nunmehr sehr weiche Metall wird in die Poren zwischen den Sandkörnern gepreßt. Der Schmelzleiter erhält dadurch eine unregelmäßige Form. Der Widerstand und als Folge die Temperatur wachsen, und der dadurch ebenfalls weiter wachsende Druck verstärkt den Vorgang, bis es an einer Stelle zum vorzeitigen Abschmelzen kommt. Da die Temperaturgrenze der Belastbarkeit gegenüber mechanischen Abnutzungserscheinungen unter anderem von der Packung des Sandes abhängt, läßt sich hierfür keine allgemeine Angabe machen. Es erscheint aber zweckmäßig, Silberschmelzleiter ohne Erniedrigung der Zerfallstemperatur dauernd oder wiederholt für längere Zeit nicht höher als mit 0,75fachen des für einige Stunden zulässigen Stromes zu belasten.

Alterung durch Wirkstoffe

Zwischen dem Beginn eines durch einen Wirkstoff eingeleiteten Vorganges und dem dadurch erreichten sekundären Zerfall vergeht naturgemäß eine gewisse Zeit. Geht die Strombelastung innerhalb dieser Zeit zurück, dann fehlen die zur Weiterführung des Zerfalls nötigen Temperaturen. Bei einer erneuten Überlastung braucht nur noch der Rest des Zerfallsvorganges abzulaufen, und dazu genügt eine kürzere Zeit als bei erstmaliger Belastung. Nur dieser Effekt soll unter Alterung verstanden werden.

Damit entsteht die Frage, wie diese von der konstruktiven Ausführung abhängige Eigenschaft zu ermitteln und anzugeben ist. Wegen der Kompliziertheit der Vorgänge, etwa wegen der Temperaturabhängigkeit der jeweils angewandten metallurgischen Lösungsvorgänge und der verschiedenen Möglichkeiten des Wärmeaustausches, dürfte es kein theoretisch zu begründendes Verfahren geben. Für empirische Feststellungen wurden folgende Methoden bekannt:

a) Messung des Schmelzleiterwiderstandes an mehreren Sicherungen bei Normaltemperatur (etwa 20 °C) vor und nach definierter Belastung. Er soll sich gegenüber dem Neuzustand um nicht mehr als einen bestimmten Teil, etwa 10% erhöht haben. Kritik: Der ursprüngliche Widerstand des Schmelzleiterbereiches, innerhalb dessen allein eine Erhöhung erfolgt, ist unter Umständen nur ein kleiner Anteil des Gesamtwiderstandes, und je nach den Längenverhältnissen erscheint die Veränderung wesentlich kleiner als sie wirklich ist. Schmelzleitermaterial wird meistens in hartem Zustand verwendet. Bereits durch mäßige Temperatursteigerung (auf 150 bis 200 °C) kann eine Rekristallisation stattfinden und der spezifische Widerstand um einige Prozente abnehmen. Dies ist zwar keine Alterung, aber es erschwert die Beurteilung der Widerstandsänderung des vollständigen Schmelzleiters. Aus einer nur einmaligen Messung der Widerstandsänderung läßt sich daher keine Voraussage über die weitere Entwicklung machen.
b) Wie a), jedoch mehrere Beobachtungen, die sich über eine längere Belastungsdauer bzw. über eine größere Anzahl von Belastungszyklen erstrecken. Kritik: Ein Vorteil ist, daß alle Beobachtungen an den gleichen Einzelstücken gemacht werden können und dadurch Extrapolationen erleichtert werden.
c) Ermittlung der $t(I)$-Kennlinie der Schmelzzeit aus Normaltemperatur (20 °C) nach definierter Vorbeanspruchung, vgl. a), und Vergleich mit der Kennlinie für den Neuzustand im Bereich des sekundären Zerfalls.

Über Beobachtungen nach b) und c) an Versuchsschmelzleitern mit metallurgisch bewirktem Zerfall wird in [1/3] berichtet. Die Befunde nach c) gehen von einmaliger Vorbelastung aus und erstrecken sich auf einen Strombereich von etwa (2 bis 4) I_N. Sie werden durch die $t(I)$-Kennlinie der Schmelztemperatur des Lotdepots ergänzt und sind hier in den Bildern 4/4 und 4/5 wiedergegeben. Die Befunde nach Methode b), vgl. Bild 4/6, zeigen, daß unter Umständen auch bei Stromstößen, die anfangs das Lot noch nicht zum Schmelzen bringen (etwa 70 A; 1,1 s) auf die Dauer eine erhebliche Zunahme des Widerstandes eintreten kann, daß aber bei diesem Schmelzleiter auch länger dauernde Stromstöße (etwa 70 A, 1,4 s), bei denen schon anfangs die Schmelztemperatur des Lotes gerade erreicht wird, nicht notwendigerweise zu einem unbegrenzten Wachstum des Widerstandes, d. h. zum Abschmelzen führen.

Aus den $t(I)$-Kennlinien nach Methode c) in [1/3] geht hervor, daß die alterungsbedingte Verkürzung der Schmelzzeit auch bei relativ gleich langer Vorbelastung keineswegs in einem bestimmten Verhältnis zur Zeit in neuem

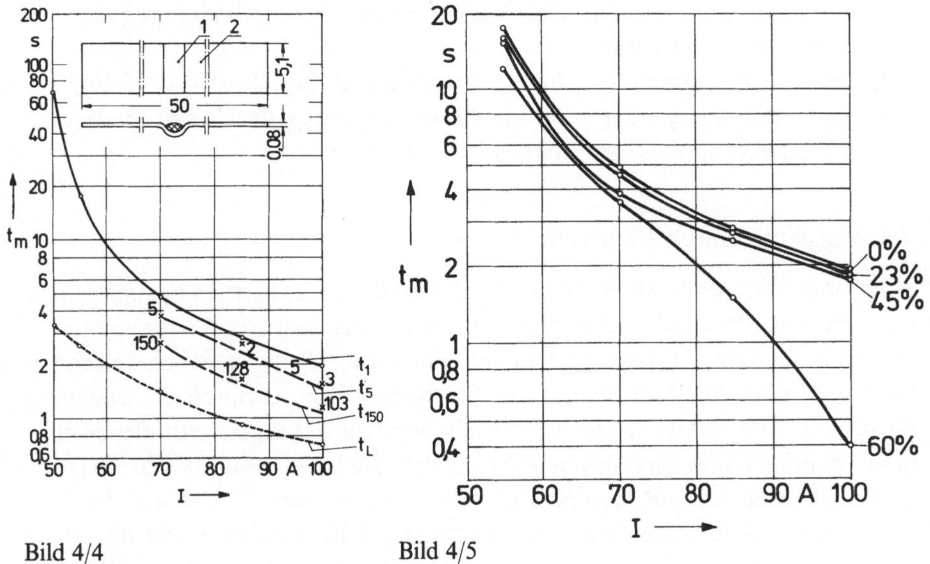

Bild 4/4 Bild 4/5

Bild 4/4. Alterung von Versuchsschmelzleitern mit Zinn-Bleilot als Wirkstoff. 1 Lotdepot, 2 Schmelzleiter, Silber. Zeit-Strom-Kennlinien: t_1 für Schmelzen bei einmaliger Belastung, t_5, t_{150} für Schmelzen nach 5maliger bzw. 150maliger Belastung, t_L für Erreichen der Schmelztemperatur des Lotdepots [1/3]

Bild 4/5. Verkürzung der Schmelzzeit nach Alterung durch eine einmalige Vorbelastung mit einem Strom gleicher Höhe. Parameter: Relative Dauer der Vorbelastung in Prozent der Schmelzzeit ohne Vorbelastung. Schmelzleiter siehe Bild 4/4 [1/3]

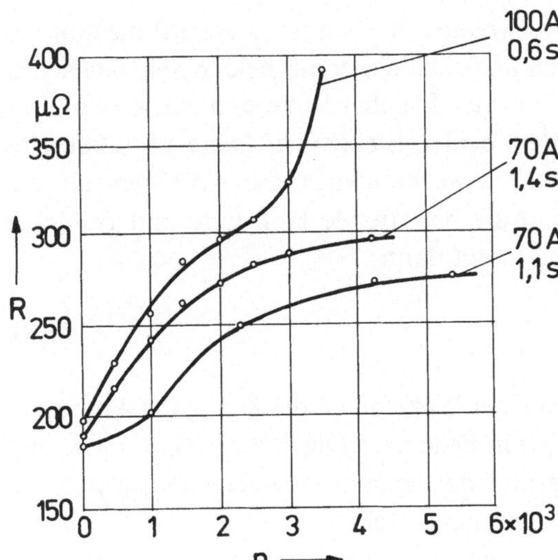

Bild 4/6. Wachstum des Schmelzleiterwiderstandes R als Funktion der Anzahl der vorangegangenen Belastungen. Parameter: Höhe und Dauer der Belastungen. Schmelzleiter siehe Bild 4/4 [1/3]

Zustand stehen muß, sondern eine von der Konstruktion abhängige Funktion des Überstromes sein kann.

In neueren Bestimmungen für Sicherungen z. B. [4/23], wird die Möglichkeit einer Abnutzung oder einer zu starken Alterung durch eine besondere Prüfung der Kennlinienbeständigkeit berücksichtigt.

4.4 Vorgänge durch Elektrodenabbrand

An primär oder sekundär zerfallenden Schmelzleiterabschnitten beginnt sofort ein Abbrand der Elektroden, vgl. Abschnitt 4.1, und der Lichtbogen verlängert sich. Der zeitliche Verlauf der Spannung an einer abschmelzenden Sicherung und das Ausschalten des Stromes werden dadurch entscheidend beeinflußt. Die von H. Kroemer mittels Sondenmessungen gefundenen und in [4/24] mitgeteilten Erkenntnisse lassen sich wie folgt zusammenfassen:

a) Bei gleicher Ausgangstemperatur des Schmelzleiters ist das auf die Zeit bezogene Abbrandvolumen proportional dem jeweiligen Strom, oder anders ausgedrückt, die lineare Abbrandgeschwindigkeit ist proportional der Stromdichte an den Elektrodengrenzflächen. Das abgebrannte Volumen ist dadurch auch proportional der während der Lichtbogendauer durchgeflossenen Elektrizitätsmenge.
b) Anode und Kathode haben bei gleichem Material gleiches Abbrandvolumen.
c) Der Abbrand hängt ab sowohl vom Material des Schmelzleiters als auch vom Löschmittel, in geringerem Maße auch von der Ausgangstemperatur. Für bestimmte Verhältnisse ist das auf die Elektrizitätsmenge bezogene Abbrandvolumen eine Konstante c, die hier mit c_K bezeichnet werden soll.

Diese Kroemerschen Abbrandgesetze wurden in [4/25] nach einer anderen und wohl genaueren Methode voll bestätigt.

Die in den genannten Arbeiten verwendete Konstante c_K betrifft die Summe der Abbrände an beiden Elektroden und setzt daher auf beiden Seiten gleiches Material und gleichen Querschnitt voraus. Da aber letzteres nicht so sein muß und auch zwischen den Abbränden beider Elektroden keine physikalische Wechselwirkung besteht, erscheint es zweckmäßiger, die Aussagen auf die einzelne Elektrode zu beziehen und die betreffende Konstante mit $g = c_K/2$ zu bezeichnen. Das Abbrandgesetz lautet dann

$$\mathrm{d}V/\mathrm{d}t = gI\,, \tag{4/1}$$

wobei V das abbrennende Volumen einer Elektrode, t die Zeit, g die Abbrandkonstante einer Elektrode, I den Strom bedeuten. Die Abbrandkonstante hat die Einheit $\mathrm{m^3\,A^{-1}\,s^{-1}}$. Die aufgrund der genannten Arbeiten abgeleiteten Werte von g sind in Tabelle 4/2 zusammengestellt.

Nach [4/24] ist jeweils nur ein geringer Teil des abgebrannten Elektroden-

Tabelle 4/2. Abbrandkonstante *g* einer Elektrode in körnigem Löschmittel für eine Ausgangstemperatur 20 °C

Löschmittel	Schmelzleiter-metall	Abbrandkonstante je Elektrode mm^3/As
Quarzsand	Ag	1,15 [a, b]
Quarzsand	Cu	1,05 [a, b]
Quarzsand	Zn	2,4 [a]
Quarzsand	Al	1,7 [a]
Marmorgrieß	Al	0,6 [a]

[a] Fehlergrenze nach [4/24] $\approx \pm 20\%$
[b] Fehlergrenze nach [4/25] $\approx \pm 10\%$

materials flüssig und befindet sich im Übergangsbereich zwischen Lichtbogen und Elektrode. Der Hauptteil ist verdampft und in das die Lichtbogensäule umgebende Löschmittel geströmt.

Für den fortschreitenden Abbrand wird nur die Leistung zum Erwärmen und Schmelzen benötigt. Aus einem Vergleich mit den Abbranddaten wird geschlossen, daß diese Leistung für beliebige Ströme aus einem im Elektrodenbereich auftretenden konstanten Anteil der Lichtbogenspannung gedeckt wird.

Nach neueren Daten berechnete Werte dieser Abbrandspannungen betragen

für Silber $\approx$ 4,0 V,
für Kupfer $\approx$ 5,7 V.

Ihre Existenz wurde in [4/26] durch oszillographische Messungen indirekt bestätigt. Die Anfangsspannung eines sehr kurzen Lichtbogens an Kupferschmelzleitern wurden zu 11 $\pm$ 0,8 V gefunden und als „Zündspannung" gedeutet. Da in diesem Fall die Spannung an der Säule gleich null ist und noch keine Verdampfung stattfindet, kann es sich nur um die Summe der Abbrandspannungen an beiden Elektroden handeln.

4.5 Literatur

4/1. Ossowicki, J.: Arc ignition points in fuse wires at overload current (Engl.). Int. Conf. Elektryczny luk wylaczeniowy, Lodź (Polen) 1970
4/2. Ossowicki, J.: Attempt at systematic arrangement of mechanismus of wire fuse elements desintegration at overload (Engl.). Int. Conf. Elektryczny luk wylaczeniowy, Lodź (Polen) 1970
4/3. Kleen, W.: Über den Durchgang der Elektrizität durch metallische Haardrähte. Ann. Phys. 5/2 (1931) 579–605

4/4. Lipski, T.; Furdal, A.: New observations on the formation of unduloids on wires (Engl.). Proc. Inst. Electr. Eng. (GB) 117 (1970) 2311–2314
4/5. Furdal, A.; Lipski, T.: New observations on the formation of unduloids on wires (Engl.). Int. Conf. Elektryczny luk wylaczeniowy, Lodź (Polen) 1970
4/6. Nasilowski, J.: The process of short circuit opening by a fuse with single wire fuse-element and explanation of some phenomena observed during its operation (Engl.). Int. Conf. Elektryczny luk wylaczeniowy, Lodź (Polen) 1970
4/7. Hibner, J.: Grundlegende Untersuchungen von Erscheinungen an Schmelzbändern von Sicherungen bei Ausschalten von Kurzschlußströmen 100 kA, 500 V, 50 Hz (Pol.). (Nach [1/3])
4/8. Wehrle, C.: 40000 Bilder/s enthüllen den Auftrennvorgang an Schmelzleitern von Niederspannungs-Hochleistungssicherungen. AEG-Mitt. 48 (1958) 211–214
4/9. Salge, J.: Drahtexplosionen in induktiven Stromkreisen. Habil.-Schr. Techn. Univ. Braunschweig 1971
4/10. Bors, S.: Beitrag zur Frage der Alterung von Schmelzsicherungen. Elektrotech. u. Masch.-Bau 79 (1962) 131–135
4/11. Feindt, H.: Betriebserfahrungen und Versuche mit Niederspannungs-Hochleistungssicherungen bei zweitweiser Überlastung. Elektrotech. Z. 73 (1952) 10–14
4/12. Müller, A. O.: Anforderungen an NH-Sicherungen und ihre Wirkungsweise. Elektrotech. Z. (ETZ) A 74 (1953) 174–177
4/13. Johann, H.: Beitrag zum Überlastungsschutz von Leitungen durch Schmelzsicherungen. Elektrotech. Z. (ETZ) A 74 (1953) 177–180
4/14. Hassenkamp, C.; Horst, A.: Neuzeitliche Niederspannungs-Hochleistungssicherungen und Unterteile. Elektr.-Wirtsch. 53 (1954) 37–39
4/15. Johann, H.: NH-Sicherungen für erhöhte Anforderungen. Siemens-Z. 34 (1960) 477–484
4/16. Anonym: H.B.C. fuses. An end of ageing? (Engl.). Electr. Rev. (1958) 121
4/17. Hansen, M.; Anderko, K.: Constitution of binary alloys (Engl.). New York, Toronto, London: McGraw-Hill 1958
4/18. Probsthain, K.: Auftragsstoff für hoch belastbare überstromträge Sicherungen, die bei besonders niedriger Temperatur arbeiten. Deutsche Patentanmeldung DAS 1196775 (1965)
4/19. Bors, L.; Keresztes, Z.; Szel, G.: Überstromträge Schmelzsicherung. Deutsche Patentanmeldung DAS 1035749 (1958)
4/20. Weber Aktien-Ges.: Elektrische Sicherung mit metallischen Leiter. Schweizer Patentschrift 277463 (1951)
4/21. Junck, E.: Konstruktion, Wirkung und Vorteile der Tardo-Sicherung. Elektrotech. Z. 50 (1929) 1357–1359
4/22. Cameron, F. L.: A new current limiting motor starter fuse (Engl.). Trans. Amer. Inst. Electr. Eng. (III) 80 (1960), S. 89–94; Ref. ETZ-B 14 (1961), S. 16
4/23. Dt. Norm./Dt. Elektrotechn. Kommiss. DIN/VDE (DKE): VDE 0636 Teil 1/8.76: VDE-Bestimmung für Niederspannungssicherungen bis 1000 V Wechselspannung und bis 3000 V Gleichspannung, Allgemeine Festlegungen. Berlin: VDE 1976
4/24. Kroemer, H.: Der Lichtbogen an Schmelzleitern in Sand. Arch. Elektrotech. 36 (1942) 455–470
4/25. Grüner-Nielsen, B.; Holm Larsen, J.: Lichtbogenspannungen in sandgefüllten Sicherungen. (Dän.). Ingeniøren B (Dänemark) 73 (1947) 737–744
4/26. Dolegowski, M.: Spannungsverlauf an der einfachen Lichtbogen-Unterbrechung in den Sicherungen mit Sandlöschung und Einengungsschmelzstreifen. Int. Conf. Elektryczny luk wylaczeniowy, Lodź (Polen) 1970, S. 219–225

5 Zeit-Strom-Verhalten bis zum Unterbrechen

5.1 Allgemeines

Für die praktische Anwendung von Sicherungen ist es eine der wichtigsten Informationen, ob und wann eine bestimmte Strombelastung zu einem Abschmelzen führt. Dieses Kapitel behandelt im besonderen
- das Unterbrechen und die Schmelzzeit als Funktionen des Belastungsstromes;
- die Höhe des Stromes bei sehr kurzen Schmelzzeiten;
- Einflußgrößen, die für das Unterbrechen von Bedeutung sind;
- zweckmäßige Arten der Information.

Soweit nichts gegenteiliges vermerkt ist, wird in den folgenden Abschnitten vorausgesetzt, daß sowohl der Belastungsstrom bzw. sein Effektivwert als auch die Umgebungstemperatur konstant sind.

5.2 Grenzbereich der zum Unterbrechen ausreichenden Ströme

Wenn Sicherungseinsätze eines bestimmten Typs zum Schutz gegen Überlastung von Betriebsmitteln verwendet werden, kommt es darauf an, von welcher Stromhöhe ab sie bei genügend langer Belastungsdauer unterbrechen und bis zu welchem Strom sie beliebig lange belastet werden können. Wollte man diese Eigenschaften unmittelbar feststellen oder nachprüfen, so wäre ein großer Aufwand an Zeit und Anzahl der Prüflinge erforderlich. Es ist zweckmäßiger, von im voraus festgelegten Beobachtungsdauern auszugehen, etwa von 100 h oder 1000 h, und festzustellen, ob bestimmte Ströme hierbei mit genügender Sicherheit ein Unterbrechen oder kein Unterbrechen bewirken. Diese können in Verbindung mit der anzugebenden Beobachtungsdauer als kleinster Unterbrechungsstrom $I_{\min}$ und als größter Dauerstrom I_{d} definiert werden.

In Normen wird aus praktischen Gründen die Dauer von Beobachtungen meistens auf bestimmte konventionelle Zeiten t_{c} in der Größenordnung 1 bis 4 h beschränkt, und man benutzt zwei konventionelle Ströme I_{f} und I_{nf}. (Die Symbole sind aus den IEC-Normen übernommen. Die Indizes bedeuten „fusing current“ bzw. „non fusing current“.). Von diesen soll I_{f} innerhalb t_{c} ein Unterbrechen bewirken, I_{nf} jedoch nicht. Je nach der Höhe des Nennstromes I_{N} ist im allgemeinen I_{f} auf (2,1 bis 1,6) I_{N} und I_{nf} auf (1,9 bis 1,3) I_{N}

festgesetzt. Mit Rücksicht auf Fertigungstoleranzen beträgt das Verhältnis $I_f/I_{nf} \approx 1{,}25$. Einige Normen, etwa BS 88, benutzten anstelle von I_f und I_{nf} einen auf den Nennstrom bezogenen „fusing factor" mit Toleranzen für Unterbrechen und Nichtunterbrechen innerhalb bestimmter Zeiten. Wegen der verhältnismäßig kurzen Beobachtungsdauern sagen diese konventionellen Ströme bzw. der fusing-factor nichts darüber aus, ob I_{min} größer oder kleiner als I_{nf} ist. Insofern sind die Symbole I_f, I_{nf} nicht ganz glücklich gewählt.

Für theoretische Betrachtungen und zur kurzen Kennzeichnung eignet sich der Begriff Grenzstrom I_g, wobei $I_g = (I_{min} + I_d)/2$ für eine Beobachtungszeit $\to \infty$ ist. Wert und Grenzen des Vertrauensbereiches müssen nach einem Extrapolationsverfahren ermittelt werden. I_g, näherungsweise auch I_{min} und I_d, sind im Gegensatz zu obigen konventionellen Prüfwerten echte physikalische Eigenschaften eines bestimmten Sicherungstyps, vgl. Abschnitt 2.9.

Der Grenzstrom eines Sicherungstyps hängt im wesentlichen von folgenden Faktoren ab:

- Material des Schmelzleiters, seine Schmelztemperatur und sein spezifischer Widerstand;
- etwa verwendete Wirkstoffe;
- geometrische Abmessungen des Schmelzleiters, einschließlich dessen Länge zwischen den Kontaktstücken, Anzahl und geometrische Verteilung von Teilschmelzleitern innerhalb der Schaltkapsel;
- Abmessungen und Anordnung etwa vorhandener Wirkstoffdepots;
- Bemessung der Kontaktstücke und des Unterteils;
- Bemessung und Art der Stromleiter;
- Temperatur der Umgebung und Art des Wärmeübergangs zwischen Sicherung und Umgebung im thermischen Beharrungszustand.

5.3 Kurzzeitverhalten

Mit wachsenden Werten der Stromdichte J nähert sich die Schmelzzeit t_m von Sicherungseinsätzen bekanntlich Werten, die durch eine Gleichung

$$\int_0^{t_m} J^2 \, dt \approx \text{const} \tag{5/1}$$

ausgedrückt werden können [5/1, 2]; const wurde zunächst als eine allgemein gültige Eigenschaft des betreffenden Schmelzleitermaterials angesehen und wird daher im Schriftum gelegentlich noch Meyersche Konstante genannt. (5/1) trifft jedoch nur zu, wenn der Schmelzleiter bei Beginn der Belastung stets die gleiche Temperatur hatte. Um die zugrunde liegende wichtige Erkenntnis über das Verhalten bei adiabatischem Unterbrechen allgemein anwenden zu können, muß entsprechend Abschnitt 3.4 die Formulierung so erweitert werden, daß die Ausgangstemperatur ϑ_1 berücksichtigt ist. Die Endtemperatur ϑ_2 ist hier identisch mit der Schmelztemperatur ϑ_m an der abschmelzenden Stelle des Schmelzleiters, bei einheitlichem Material also an der Stelle des kleinsten Querschnittes. Hierzu wird nach (3/25—27) ein Stromdichteimpuls

$$\int_0^{t_m} J^2 \, dt = \Delta k_m = k_m - k_1 \tag{5/2}$$

benötigt. k_m und k_1 sind für die betreffenden Materialien und die Temperaturen ϑ_m und ϑ_1 aus Bild 3/5 zu entnehmen.

Der Information des Anwenders dient ein spezieller Kennwert des Sicherungseinsatzes ΔK_m, aus dem die adiabatische Schmelzzeit t_m bei einem hohen Überstrom I unmittelbar abgeleitet werden kann. Seine Defintionsgleichung ergibt sich aus (5/2) mit $J = I/A$ zu

$$\int_0^{t_m} I^2 \, dt = I_{eff}^2 t_m = J^2 A^2 t_m = A^2 \, \Delta k_m = \Delta K_m \,, \tag{5/3}$$

wobei A den Querschnitt des Schmelzleiters an der engsten Stelle bedeutet. Die adiabatische Schmelzzeit t_m beträgt

$$t_m = \Delta K_m / I_{eff}^2 \,. \tag{5/4}$$

Fehlen weitere Angaben, so setzt die Angabe eines Nennwertes von ΔK Standardbedingungen nach Abschnitt 5.7 voraus, und für einen nicht vorbelasteten Schmelzleiter ist in (5/2) k_1 entsprechend $\vartheta_1 = 20$ °C zu setzen. ΔK_m läßt sich sowohl aus (5/2, 3) berechnen als auch aus Oszillogrammen ermitteln.

Die vollständige Benennung von ΔK_m wäre „Stromquadrat-Impuls für adiabatisches Schmelzen". Im folgenden wird die Kurzform „Schmelzimpuls" benutzt, wenn der Zusammenhang Verwechslungen ausschließt. Nicht korrekte Ausdrücke wie z. B. Strom-Zeit-Integral, Joule-Integral, action integral, oder $I^2 t$-Wert bzw. $\int I^2 \, dt$-Wert sollten vermieden werden.

5.4 Verhalten im Zwischenbereich

Adiabatische Erwärmung einer Stelle höchster Stromdichte ist ein theoretischer Grenzfall. In Wirklichkeit fließt gleichzeitig ein Teil der erzeugten Jouleschen Wärme als Wärmestrom in die Umgebung. Wenn die adiabatische Schmelzzeit wegen kleineren Stromes zunimmt, wächst der Anteil der abfließenden Wärmemenge, also auch das Verhältnis zwischen wirklicher Schmelzzeit und adiabatischer Zeit. Die thermischen Verhältnisse gehen schließlich in die des Grenzbereiches nach Abschnitt 5.2 über. Maßgeblich hierfür sind das

Tabelle 5/1. Zeitkonstanten des Temperaturausgleiches bei Sicherungen

Zeit-konstante	Für Temperaturausgleich von	nach	Üblicher Bereich s
τ_1	Sicherung	Umgebung	$10^2 \ldots 3 \cdot 10^3$
τ_2	Unterteil	Leitungen	$10^1 \ldots 3 \cdot 10^2$
τ_3	Schmelzleiter	anderen Teilen des Sicherungseinsatzes und den Kontaktstücken des Unterteiles	$10^0 \ldots 10^2$
τ_4	Schmelzleiter	Löschsand	$10^{-1} \ldots 10^1$
τ_5	Engpässe der Schmelzleiter	Schmelzleiterteilen kleinerer Stromdichte	$10^{-3} \ldots 10^{-1}$
τ_6	Kerbränder von Engpässen	Achse des Engpasses	$10^{-4} \ldots 10^{-3}$

Temperaturgefälle zur Umgebung hin, die Summe der Wärmeleitwerte auf den verschiedenen Wegen und das Verhältnis der Wärmekapazitäten. Tabelle 5/1 enthält eine Übersicht über die im allgemeinen vorhandenen Zeitkonstanten des Temperaturausgleiches.

Die Variationsbreiten ergeben sich insbesondere durch die konstruktive Ausbildung der Schmelzleiter und durch ihre Anordnung innerhalb der Schaltkapsel. Sicherungseinsätze mit höheren Nennströmen oder mit höheren Nennspannungen haben unter sonst gleichen Umständen auch die höheren Zeitkonstanten.

Schmelzzeiten länger als ungefähr 1 s können mit Hilfe einer zusätzlichen bei niedrigerer Temperatur abschmelzenden Stelle (Abschnitt 4.3) beeinflußt werden. Da hierbei der Schmelzleiterquerschnitt ungefähr reziprok zur Differenz zwischen Abschmelztemperatur und Umgebungstemperatur erhöht werden muß, ist die Stromdichte entsprechend geringer, und die Geschwindigkeit eines adiabatischen Temperaturanstieges geht quadratisch zurück. Dies wirkt sich auch noch bei gleichzeitigem Wärmeabfluß aus, so daß eine Verlängerung der Schmelzzeiten bei mäßigen Überströmen erreicht werden kann, ohne daß sich das Verhalten im Grenzbereich ändert.

Wegen der nach Tabelle 5/1 manchmal sehr kurzen Zeitkonstanten τ_5 und τ_6 können adiabatisch erscheinende Werte von ΔK_m und t_{mv} durch den Stromverlauf während des Impulses beeinflußt sein. Zur Verdeutlichung sind in Bild 5/1 drei Fälle mit gleicher Schmelzzeit durch gleich hohen Effektivwert des Stromes angedeutet. Bei Fall c bewirkt die Abnahme des Stromes, daß die Wärme überwiegend anfangs erzeugt wird und hiervon bis zum Ende mehr abgeflossen ist als in den anderen Fällen. Umgekehrt ergibt Fall b mit einem bis zum Ende steigenden Strom die relativ größte Annäherung an adiabatische

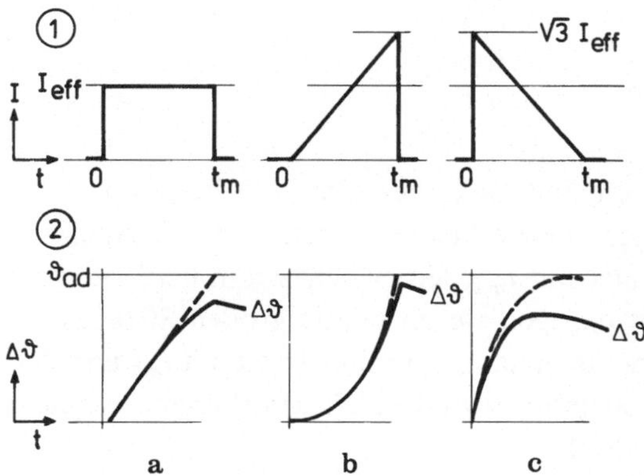

Bild 5/1. Auswirkung verschiedenen Stromverlaufes (1) auf die Temperaturerhöhung (2) unter fast adiabatischen Verhältnissen bei gleichen Werten für I_{eff} beziehungsweise t_m (schematisch). ——— adiabatische Temperaturerhöhung, —— wirkliche Temperaturerhöhung $\Delta\vartheta$. a, b, c siehe Text

Verhältnisse, was ohne weiteres einleuchtet. Für die Ermittlung von ΔK_m sollte daher ein Stromverlauf möglichst nach Fall b benutzt werden.

5.5 Höhe des Stromes im Zeitpunkt des Unterbrechens

Allgemeines

Mit Hilfe entsprechend ausgewählter Sicherungseinsätze läßt sich verhindern, daß höhere Überströme bis zur vollen Höhe des prospektiven Stromes ansteigen, vgl. Abschnitt 2.5. Von anderen hierzu notwendigen Erfordernissen, vgl. Abschnitt 2.6, soll hier abgesehen und nur die erste Voraussetzung behandelt werden, nämlich das Unterbrechen des Schmelzleiters im Vergleich zum Stromverlauf unter Berücksichtigung der Parameter des Stromkreises, die diesen beeinflussen.

Die entstehenden Fragen lassen sich mathematisch lösen, wenn der Schmelzimpuls des Sicherungseinsatzes bekannt ist. Außer einer allgemeinen Einführung in [2/3] liegen ausführliche Untersuchungen [5/3—5] vor, siehe auch [1/3]. Für den wichtigsten Anwendungsbereich, das Unterbrechen bei geringen Bruchteilen des prospektiven Stromes, genügen in der Praxis stark vereinfachte Näherungsrechnungen, die jedoch das Wesentliche leichter erkennen lassen. Sie werden hier zugrunde gelegt.

Bei der mathematischen Behandlung dieser Vorgänge geht man üblicherweise von der Annahme einer adiabatischen Erwärmung der Abschmelzstelle durch eine über den Querschnitt gleiche Stromdichte aus, so auch in den hier folgenden drei Abschnitten.

Unterbrechen bei Gleichstrom

Nach Einschalten eines induktiven Gleichstromkreises der elektrischen Zeitkonstante $\tau = L/R$ steigt der Strom bekanntlich nach

$$I(t) = I_p(1 - \exp(-t/\tau)) \qquad (5/5)$$

anfangs fast linear, wobei

$$I(t) \approx I_p \cdot t/\tau \,. \tag{5/6}$$

Hinsichtlich der Stromhöhe I_m im Zeitpunkt des Unterbrechens sind zwei Fälle zu unterscheiden. Ist wegen relativ kleinen Stromes die Schmelzzeit $t_m \gg \tau$, und bezeichnet man sie hier mit t_{m1}, ferner den Strom bei Unterbrechen mit I_{m1}, so ist $I_{m1} \approx I_p$. Ist dagegen wegen relativ großen Stromes die Schmelzzeit $t_m < \tau$, und bezeichnet man dann die Schmelzzeit mit t_{m2} und den Strom bei Unterbrechen mit I_{m2}, so unterbricht die Sicherung bereits bei einem Strom $I_{m2} < I_p$, und es ist nach (5/6)

$$I_{m2} \approx I_p \cdot t_{m2}/\tau \,. \tag{5/7}$$

Nun ist nach (5/3) mit (5/6)

$$\Delta K_m = \int_0^{t_{m2}} I^2(t)\,dt \approx \left(\frac{I_p}{\tau}\right)^2 \int_0^{t_{m2}} t^2\,dt \approx \frac{1}{3}\left(\frac{I_p}{\tau}\right)^2 t_{m2}^3 \,.$$

Durch Einsetzen von t_{m2} aus (5/7) ergibt sich

$$I_{m2} \approx (3\,\Delta K_m\, I_p/\tau)^{1/3} \,. \tag{5/8}$$

Die Näherungsfunktionen für I_{m1} und I_{m2} verlaufen asymptotisch oberhalb der wirklichen Werte. Beide endigen bei $I_{m2} = I_{m1}$, so daß die gemeinsame Näherungsfunktion dort einen Knick hat. Er liegt nach (5/8) und wegen $I_{m1} \approx I_p$ bei dem Argument

$$I_p^* = (3\,\Delta K_m/\tau)^{1/2} \,. \tag{5/9}$$

I_p^* wird als Schwellenwert bezeichnet (vgl. Abschnitt „Schwellenwert").

Die Näherungswerte von I_{m2} nach (5/8) sind gegenüber den exakt berechneten Werten I_m zu hoch. Aus einer Fehlerkurve nach [5/3] läßt sich ein für die Praxis ausreichender Korrekturfaktor

$$\alpha = I_m/I_{m2} \approx 1 - 0{,}26(I_{m2}/I_p) \tag{5/9a}$$

ableiten, dessen Funktionsverlauf in Bild 5/2 dargestellt ist.

Beispiel: $I_p = 1 \cdot 10^4$ A, $\tau = 10^{-2}$ s, $\Delta K = 10^4$ A^2 s. Nach (5/8) ist $I_{m2} = (3 \cdot 10^4 \cdot 10^4 \cdot 10^2)^{1/3}$ A $= 3{,}1 \cdot 10^3$ A. Für $I_{m2}/I_p = 0{,}31$ ergibt Bild 5/2 $\alpha = 0{,}92$, so daß nach (5/9a) $I_m/I_p = 0{,}285$ und $I_m = 2{,}85 \cdot 10^3$ A ist.

Eine Methode nach [5/6] zur exakten Berechnung, bei der universelle Hilfs-

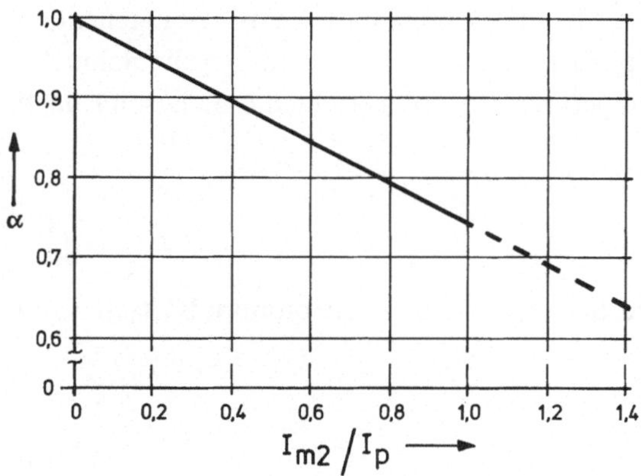

Bild 5/2. Faktor $\alpha = f(i_{m2}/I_p)$ zur Korrektur der Näherungswerte der Strombegrenzung bei Gleichstrom nach (5/9a)

funktionen benutzt werden, ist in [1/3] wiedergegeben, so daß hierauf verwiesen wird. Bei Schmelzzeiten kleiner als die elektrische Zeitkonstante werden also die Ströme im Zeitpunkt des Unterbrechens nur noch proportional zur Kubikwurzel des prospektiven Stromes. Bei Annäherung an den Schwellenwert (s. Seite 57), ist jedoch in vielen Fällen die Erwärmung von Abschmelzstellen nicht mehr ausreichend adiabatisch, so daß hier die Voraussetzungen für universell gültige Berechnungen einfacher Art entfallen.

Unterbrechen bei Wechselstrom

Nach Einschalten von Wechselstrom des Effektivwertes I_p gilt für den Momentanwert I bekanntlich die Gleichung

$$I = \sqrt{2}\, I_p[\sin(\omega t + \psi - \varphi) - \exp(-\omega t/\tan\varphi)\cdot\sin(\psi - \varphi)]\,. \quad (5/10)$$

Sie hat als ersten Anteil die zeitabhängige Sinusschwingung, als zweiten das nach einer Exponentialfunktion abklingende Gleichstromglied. Beide enthalten als Variablen außer dem Winkel der Zeit t noch den Einschaltwinkel ψ und den Winkel der Phasenverschiebung φ, alle gerechnet ab Spannungsnulldurchgang, ferner die Kreisfrequenz $\omega = 2\pi f$.

Für die folgende Näherungsrechnung sei $\psi = \varphi$ angenommen, wobei das Gleichstromglied verschwindet und der Stromverlauf symmetrisch wird. Dann gilt

$$I(t) = \sqrt{2}\, I_p \sin\omega t\,. \quad (5/11)$$

Die größte Geschwindigkeit der Änderung fällt zeitlich mit dem Nulldurchgang des prospektiven Stromes zusammen. Bei kleineren Überströmen mit Schmelzzeiten länger als eine Viertelperiode beträgt der Höchstwert

$$I_{m1} = \sqrt{2}\, I_p\,. \quad (5/12)$$

Die Symbole t_{m1}, t_{m2}, I_{m1}, I_{m2} werden hier sinngemäß wie im vorangehenden Abschnitt benutzt. Werden bei größeren prospektiven Strömen die Schmelzzeiten t_{m2} kürzer als eine Viertelperiode, so unterbricht die Sicherung nach (5/11) bei einem Strom

$$I_{m2} = \sqrt{2}\, I_p \omega t_{m2} \,. \tag{5/13}$$

Nun beträgt der zum Unterbrechen erforderliche Stromimpuls nach (5/3) und (5/13)

$$\Delta K_m = \int_0^{t_{m2}} I^2 \, dt = 2 I_p^2 \omega^2 \int_0^{t_{m2}} t^2 \, dt = \frac{2}{3} I_p^2 \omega^2 t_{m2}^3 \,. \tag{5/14}$$

Hieraus erhält man mit t_{m2} aus (5/13)

$$\Delta K_m = (2 I_{m2}^3 / 3 \sqrt{8}\, I_p \omega)^{1/3} \tag{5/15}$$

und als erste Näherung bei einer Frequenz f

$$I_{m2} \approx (3 \sqrt{2}\, \Delta K_m I_p \omega)^{1/3} = 2{,}98 (\Delta K_m I_p f)^{1/3} \,. \tag{5/16}$$

Bei kürzeren Schmelzzeiten nimmt also der mögliche Höchstwert des Stromes im Zeitpunkt des Unterbrechens nicht mehr proportional zum prospektiven Strom zu, sondern nur noch mit dessen Kubikwurzel. Auch die Parameter Schmelzimpuls und Frequenz wirken sich in gleicher Weise aus. Der relative Fehler der Werte nach (5/16) wird um so kleiner, je größer das Verhältnis I_p/I_{m2} ist.

Für (5/16) wurde die bei Asymmetrie des prospektiven Stromes mögliche Erhöhung seines ersten Scheitelwertes nicht berücksichtigt. Sie kann durch den Stoßfaktor $\varkappa$ ausgedrückt werden, wobei

$$\varkappa = I_{max} / \sqrt{2}\, I_p \,. \tag{5/16a}$$

Die bei Einschaltwinkeln $\psi = 0°$ auftretenden Größtwerte sind in Abhängigkeit vom Phasenwinkel bzw. Leistungsfaktor in Bild 5/3 dargestellt.

Im allgemeinen begnügt man sich damit, nur die bei einigen Stoßfaktoren möglichen Stoßströme in einem nach (5/16) berechneten Diagramm zusätzlich darzustellen. Bild 5/4 zeigt ein Beispiel nach [5/4] für die Frequenz 50 Hz.

Für Unterbrechen vor dem ersten Scheitelwert ergeben sich bei logarithmischer Teilung beider Achsen mit gleichlangen Dekaden Geraden der Steigung 1:3. Der Parameter Frequenz in (5/16) darf hierbei nicht übersehen werden.

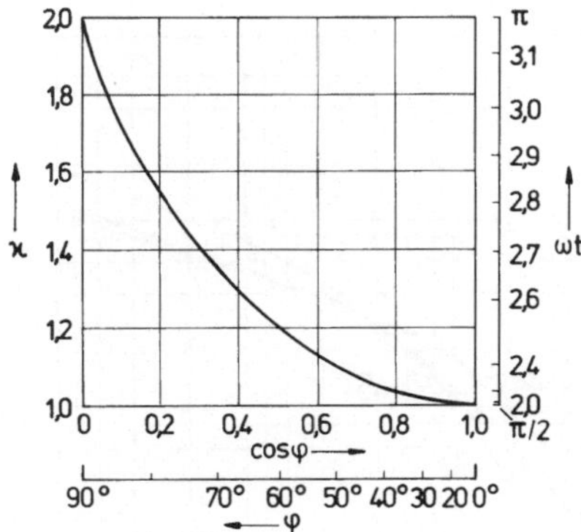

Bild 5/3. Stoßfaktor $\varkappa$ als Funktion des Phasenwinkels bzw. Leistungsfaktors [5/4]

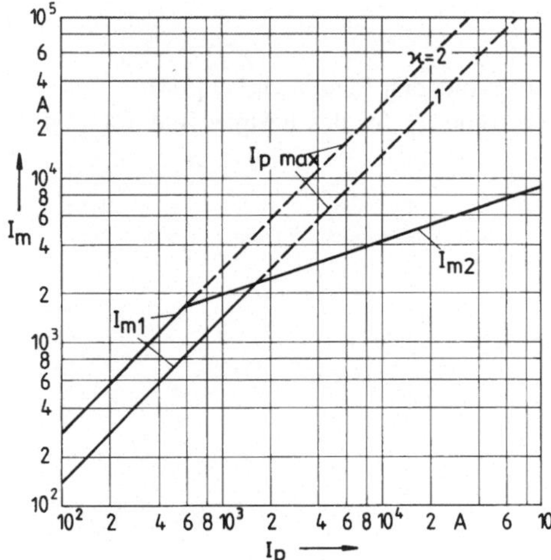

Bild 5/4. Näherungswerte des größten begrenzten Stromes I_{m2} im Zeitpunkt des Unterbrechens für 50 Hz, $\varphi \to 90°$ und den Parameter $\varkappa$; nach (5/13) und (5/16). (Beispiel nach [5/4])

Die relativ größte Steilheit des Stromanstieges entsteht immer bei Einschalten des Stromkreises zur Zeit des Spannungsmaximums. Sie wächst aber auch mit abnehmendem Verhältnis L/R, etwa mit abnehmendem Phasenwinkel φ. Der nach (5/16) berechnete Wert I_{m2} ist dann durch einen Korrekturfaktor $\beta = \sin^{1/3} \varphi$ zu ergänzen, der aus Bild 5/5 entnommen werden kann [5/4].

Diese Arbeit enthält auch eine Gleichung zur exakten Berechnung von $I_m(I_p)$ über den gesamten Bereich mit einem instruktiven Anwendungsbeispiel für 50 Hz; $\varphi = 80°$, $45°$ und $10°$, das hier als Bild 5/6 wiedergegeben ist.

Diagramme des größten Stromes im Zeitpunkt des Unterbrechens mit dem Leistungsfaktor als Parameter nach [5/7] sind in [1/3] enthalten und hier als Bild 5/7a, b wiedergegeben. Sie können universell verwendet werden, da der Strom auf den symmetrischen Scheitelwert bezogen und als Funktion einer Hilfsgröße $v = f \cdot \Delta K_m / I_p^2$ dargestellt ist. f ist die Frequenz.

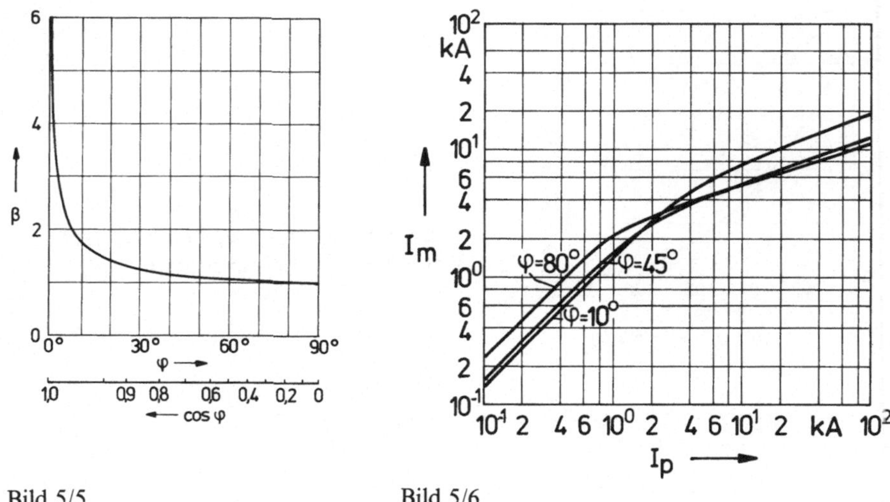

Bild 5/5

Bild 5/6

Bild 5/5. Korrekturfaktor β zu Bild 5/4 für abnehmenden Phasenwinkel [5/4]
Bild 5/6. Exakt berechnete größte Werte des Stromes I_m für das Beispiel Bild 5/4, [5/4]

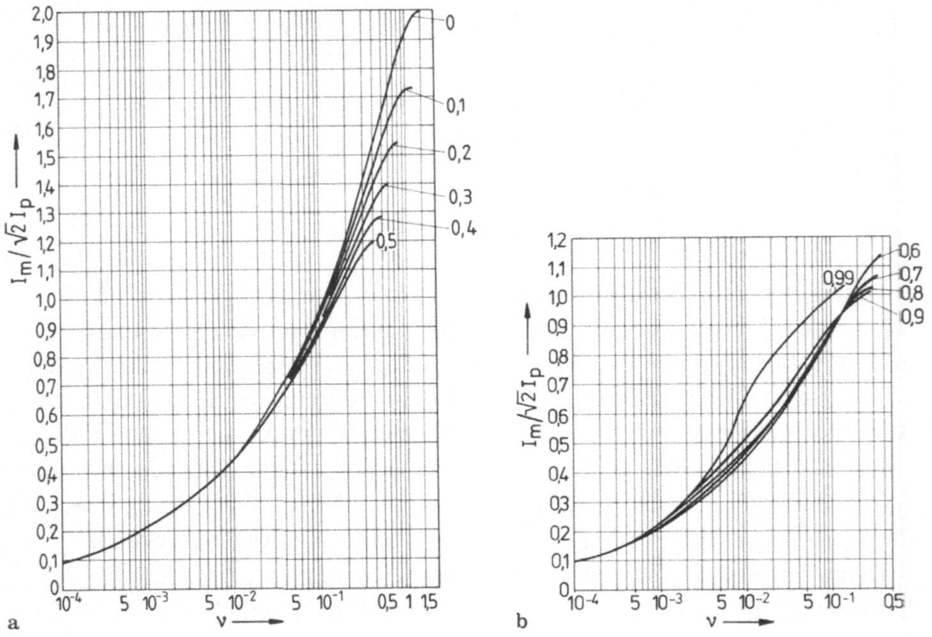

Bild 5/7. Relativer Höchstwert $I_m/\sqrt{2}\,I_p$ als Funktion der Hilfsgröße $\nu = f \cdot \Delta K_m/I_p^2$, Parameter cos φ [5/7]

Es muß aber auch an Vorgänge gedacht werden, die besonders bei sehr kurzschlußflinken Sicherungseinsätzen entstehen können.

Bei plötzlichem Einschalten eines Kondensators entsteht eine höherfrequente Schwingung. Auch wird bei einem Kurzschluß die Leitungskapazität etwa eines Niederspannungskabelnetzes oder die transformierte Kapazität eines Hochspannungsnetzes entladen. In beiden Fällen entstehen durch den Widerstand der Stromwege gedämpfte Stromschwingungen, die sich dem Betriebsstrom überlagern [2/3]. Im Strompfad liegende Sicherungen können nicht nur durch den Effektivwert, sondern sogar während der ersten Halbwelle dieser Schwingungen unterbrochen werden. Dabei kann der Strom im Zeitpunkt des Unterbrechens erheblich höher sein als bei betriebsfrequenten Vorgängen. Ist die Dämpfung nicht zu stark und sind Frequenz und Amplitude dieser Schwingung bekannt, etwa aus Oszillogrammen, so läßt sich das Verhalten der Sicherung aus (5/16) oder Bild 5/7 ermitteln. Kommt es jedoch infolge starker Dämpfung zu keiner Überschwingung, so entspricht der Stromverlauf dem Einschalten eines kapazitiven Stromkreises mit der betrieblichen Zeitkonstante $\tau = CR$. Da dieser Vorgang nach (5/5) abläuft, können auch die übrigen Regeln für das Unterbrechen bei Gleichstrom hierauf angewandt werden.

Schwellenwert

Als Schwellenwert eines Sicherungseinsatzes wird gelegentlich der prospektive Strom bezeichnet, bei welchem nach den beiden vorangehenden Abschnitten $I_{m1} = I_{m2}$ ist, mit $I_{m1} = I_p$ für Gleichstrom und $\varkappa = 1$ für Wechselstrom [5/8]. Er beträgt bei Wechselstrom

$$I_p^*(\omega) = \sqrt{\frac{3}{2}\,\Delta K_m\,\omega} \approx 3{,}07\sqrt{\Delta K_m f} \tag{5/17}$$

und ist daher abhängig von der Betriebsfrequenz. Für Gleichstrom und $I_{m1} = I_p$ erhält man aus (5/8)

$$I_p^* = \sqrt{3\,\Delta K_m/\tau}\,, \tag{5/18}$$

I_p^*/I_N wird Schwellenwertverhältnis genannt. Beide Begriffe sind anschaulich und eignen sich für bequeme Vergleiche. Bei Wechselstrom entspricht dem Schwellenwert eine virtuelle Schmelzzeit, vgl. (2/6),

$$t_{mv}^* = \Delta K_m/I_p^{*2} = \frac{2}{3}\,\omega^{-1} \tag{5/19}$$

und bei $\psi = \varphi$ eine absolute Schmelzzeit

$$t_m^* \approx \omega^{-1}\,, \tag{5/20}$$

die einem Schmelzwinkel $\approx\varphi + 57°$ entspricht.

Auswirkung nicht völlig adiabatischer Erwärmung

In den vorhergehenden Abschnitten wurde stets eine adiabatische Erwärmung vorausgesetzt. Ein Vergleich mit den Zeitkonstanten des Temperaturausgleichs nach Tabelle 5/1 zeigt aber, daß bei Schmelzzeiten in der Nähe des Schwellenwertes ein erheblicher Teil der an der Abschmelzstelle erzeugten Wärme aus dem Erzeugungsbereich abgeflossen sein kann. Zum Unterbrechen ist ein stärkerer Stromimpuls erforderlich, der sogar höher als die Werte nach der Näherungsgleichung (5/16) sein kann. Gegebenenfalls sind ergänzende Messungen des wirklichen Schmelzimpulses erforderlich.

5.6 Parameter des Zeit-Strom-Verhaltens

Das etwa aus einer $t(I)$-Kennlinie zu entnehmende Verhalten eines Sicherungseinsatzes bei Überströmen ist keine absolute Eigenschaft, sondern wird durch einige Parameter beeinflußt, manchmal in unerwartet starkem Maße. Die wichtigsten sind thermischer und elektrischer Art.

Thermische Parameter

Bei thermischen Beeinflussungen ändert sich indirekt die vom Belastungsstrom zu bewirkende Erwärmung, da sich die Abschmelztemperatur nicht ändert. Es kommt darauf an, welche Temperatur die Abschmelzstelle im Zeitpunkt des Abschmelzens ohne gleichzeitige Strombelastung hätte. Vorhergehende und gleichzeitige thermische Einflüsse, etwa durch vorhergehende Belastung mit einem Strom anderer Höhe und/oder durch abweichende oder sich ändernde Umgebungstemperaturen wirken sich wie Ausgleichsvorgänge mit ihren jeweiligen Zeitkonstanten (vgl. Tabelle 5/1) aus. Von besonderer praktischer Bedeutung ist die Temperaturerhöhung innerhalb eines Gehäuses. Für vergleichende Prüfungen gibt es daher thermische Standardbedingungen, vgl. Abschnitt 5.7.

Eine einfache Berechnung der thermischen Beeinflussung ist nur für den Grenzstrombereich im Falle konstanter Umgebungstemperatur sowie für adiabatisches Unterbrechen im Falle gegebener Temperatur bei Beginn der Belastung möglich.

Einfluß der Umgebungstemperatur ϑ_u. Bezeichnet man mit P_m die im Sicherungseinsatz bei Beginn des Abschmelzens auftretende Leistung, mit R_m den entsprechenden Widerstand, mit ϑ_m die Temperatur bei Beginn des Abschmelzens, so gilt für eine bestimmte genügend lange Schmelzzeit, etwa $\geqq 5\tau_1$ nach Tabelle 5/1, die Proportion

$$P_m = I^2 R_m \sim (\vartheta_m - \vartheta_u) . \tag{5/21}$$

Bedeuten ferner I_{20} den für die vorausgesetzte Schmelzzeit bei 20 °C Umgebungstemperatur erforderlichen Strom und $I(\vartheta_u)$ den betreffenden Strom bei ϑ_u, so ergibt sich aus (5/21)

$$I(\vartheta_u) = I_{20}\sqrt{(\vartheta_m - \vartheta_u)/(\vartheta_m - 20)} \tag{5/22}$$

Bild 5/8 zeigt die Auswirkungen für einige angenommene Abschmelztemperaturen, vgl. Kapitel 4.

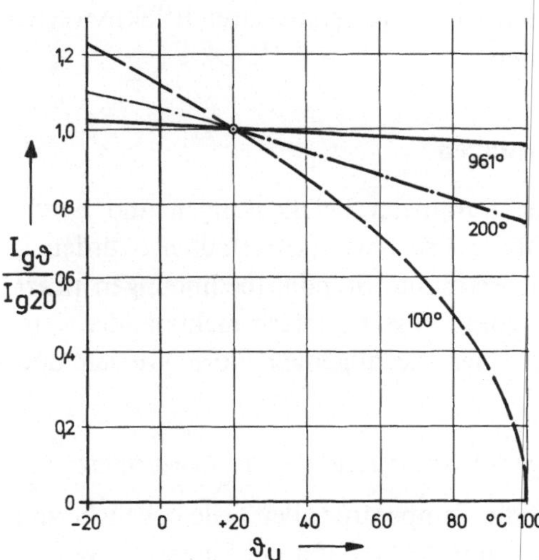

Bild 5/8. Relative Änderung der Unterbrechungsströme im Grenzstrombereich in Abhängigkeit von der Umgebungstemperatur ϑ_u, mit der Abschmelztemperatur als Parameter. $I_{g\vartheta}$ Grenzstrom bei ϑ_u; I_{g20} Grenzstrom bei +20 °C

Einfluß der vor adiabatischem Abschmelzen vorhandenen Ausgangstemperatur

Aus (5/2) folgt, daß die Schmelzimpulse ΔK_{m1}, ΔK_{m2}, bei verschiedenen Ausgangstemperaturen ϑ_1, ϑ_2 sich wie die entsprechenden Differenzen der elektrothermischen Materialfunktion k verhalten, siehe Bild 3/5. Der Schmelzimpuls bei ϑ_2 ist daher

$$\Delta K_{m2} = \Delta K_{m1}(k_m - k_2)/(k_m - k_1)\,. \tag{5/23}$$

Normalerweise entsprechen ϑ_1, k_1 und ΔK_{m1} einer Ausgangstemperatur 20 °C. Höhere Ausgangstemperaturen entstehen etwa durch vorangehende Belastung.

Elektrische Parameter

Bei Wechselstrom und pulsierendem Gleichstrom entsteht eine zusätzliche Verlustwärme in ferromagnetischen Bauteilen, siehe Abschnitt 3.2. Je nach dem Temperaturausgleich zwischen Entstehungsort dieser Wärme und Abschmelzstelle einerseits, vgl. den in Tabelle 5/1 angegebenen Bereich der Zeitkonstanten, und der Temperaturabhängigkeit der Abschmelzströme andererseits, vgl. vorstehenden Abschnitt, kommen dadurch bestimmte Schmelzzeiten bereits bei kleineren Belastungsströmen zustande.

Insbesondere bei sehr flinken Sicherungseinsätzen entsteht bei nicht konstantem Gleichstrom ein anderer Vorgang ohne Wärmezufuhr. Wegen der hier besonders kleinen Wärmezeitkonstanten τ_4 und τ_5 (Tabelle 5/1) überlagern sich einem Grundbetrag der Erwärmung zusätzliche Pulsationen, deren Höhe von dem Quadrat des Momentanwertes des Belastungsstromes, von der Frequenz der Stromwelligkeit bzw. der Stromstöße und von deren Verhältnis zur Zeitkonstante abhängt. Dies kann innerhalb des ganzen nicht adiabatischen Bereiches bereits bei relativ kleineren stationären Effektivwerten des Stromes ein Abschmelzen bewirken.

5.7 Standardbedingungen für Prüfungen

Um trotz der vorstehend erwähnten Parameter bei Prüfungen und Untersuchungen eindeutige und vergleichbare Ergebnisse zu erhalten, wurden in internationalen Empfehlungen [1/1] bestimmte Standardbedingungen präzisiert. Sie werden bei allen Angaben vorausgesetzt, sofern nichts anderes angegeben ist. Soweit möglich, entsprechen sie allgemein vorhandenen oder durchschnittlichen Verhältnissen.

Thermische Bedingungen insbesondere für Schmelzzeiten und Erwärmung

Zu Beginn einer Strombelastung soll die Temperatur aller Teile der Sicherung und aller Körper einschließlich der Stromleiter, die mit der Sicherung Wärme austauschen, (20 ± 5) °C betragen. Auch die Temperatur der Umgebung soll während der Strombelastung (20 ± 5) °C sein. Der Wärmeaustausch zwischen Sicherung und Umgebung darf weder behindert noch begünstigt werden.

Elektrische Bedingungen

Sicherungseinsätze sollen in hierfür vorgesehenen Unterteilen und mit den in den Normen vorgesehenen Stromleitern untersucht werden. Gleichstrom ist nur bei ausschließlich hierfür bestimmten Sicherungen zu verwenden, sonst Wechselstrom der Frequenz 45 bis 62 Hz bzw. der Nennfrequenz ±10%. Die Höhe des Stromes soll praktisch konstant sein. Ist dies bei kurz dauernden Stromimpulsen wegen unvollständiger Wechselstromperioden oder wegen Einschaltvorgängen nicht möglich, so sollen die tatsächlich aufgetretenen Beobachtungswerte von Strom und Zeit nach einer festgelegten Rechenregel in vergleichbare Werte umgeformt werden. Hierzu wird nach der Gleichung

$$t_{\mathrm{mv}} = \frac{\int_0^{t_{\mathrm{m}}} I^2(t)\,\mathrm{d}t}{I_{\mathrm{p}}^2} \tag{5/24}$$

der Stromimpuls über die beobachtete Schmelzzeit t_m durch das Quadrat des prospektiven Stromes I_p dividiert und als „virtuelle Schmelzzeit t_{mv}" definiert. Schmelzzeiten sind als virtuelle Werte in Abhängigkeit vom prospektiven Strom

$$t_{mv} = f(I_p) \tag{5/25}$$

anzugeben. Als prospektiver Strom I_p gilt bei Gleichstrom der Höchstwert, bei Wechselstrom der Effektivwert des Stromes, der bei Ersatz der Sicherung durch eine praktisch widerstandfreie Verbindung auftritt. $I(t)$ ist sein Momentanwert.

5.8 Darstellung von Zeit-Strom-Kennwerten und Zeit-Strom-Funktionen von Sicherungen

Im Hinblick auf die praktischen Bedürfnisse sollten für die Darstellung von Zusammenhängen zwischen Strömen und Schmelzzeiten prospektive Ströme und virtuelle Zeiten benutzt werden. Hierbei kann die Zeit unmittelbar als Funktion des Stromes betrachtet werden:

$$t_{mv} = f_1(I_p)\,, \tag{5/26a}$$

oder als Funktion eines auf den Nennstrom bezogenen Überstromes bzw. als Funktion des Vielfachen des Nennstromes:

$$t_{mv} = f_2(I_p/I_N)\,. \tag{5/26b}$$

Will man aber ausdrücklich den erforderlichen Stromimpuls zum Schmelzen angeben, so lautet die Funktion

$$\int_0^{t_m} I^2\,dt = f_3(I_p) \tag{5/27a}$$

bzw. analog zu (5/26b)

$$\int_0^{t_m} I^2\,dt = f_4(I_p/I_N)\,. \tag{5/27b}$$

Die Funktionen f_1 und f_3 bzw. f_2 und f_4 unterscheiden sich nach (5/24) nur durch den Faktor I_p^2. Der asymptotische Grenzfall von f_3 ist der adiabatische Schmelzimpuls

$$\underset{t_m \to 0}{\Delta K_m} = \int_0^{t_m} I^2\,dt\,. \tag{5/28}$$

Darstellungen von f_1 bzw. f_2 schließen Angaben sowohl für den Überlastschutz als auch für den Kurzschlußschutz der zu schützenden Betriebsmittel ein. Darstellungen von f_3 bzw. f_4 eignen sich nur für die Darstellung des Kurzschlußschutzes, lassen aber diese Eigenschaft unmittelbar erkennen.

Angaben des Herstellers für f_1 bis f_4 können sowohl in Form von Tabellen als auch graphisch erfolgen. Trotz möglicher Zeichen- und Ableseungenauigkeiten ist die graphische Form nicht nur übersichtlicher, sondern auch für den Anwender günstiger, weil Interpolationen zwischen Einzelpunkten mit der Gefahr größerer Fehler entbehrlich werden. In Normen sollten allerdings zugelassene Grenzen durch numerische Werte fixiert werden. Für die graphische Darstellung von f_1 bzw. f_2 („$t(I)$-Kennlinien") werden in [1/1] rechtwinklige Koordinatennetze mit logarithmischer Teilung beider Achsen empfohlen. Die Stromachse soll Abszisse und die Zeitachse Ordinate sein. Eine Dekade der Stromachse soll die doppelte Länge der Dekade der Zeitachse haben. Die Dekaden sollen 2; 2,8; 4; 5,6; 8; 11,2 oder 16 cm lang sein, vorzugsweise 2,8 und 5,6 cm. Die Bilder 5/9a und b zeigen in verkleinertem Maßstab Bei-

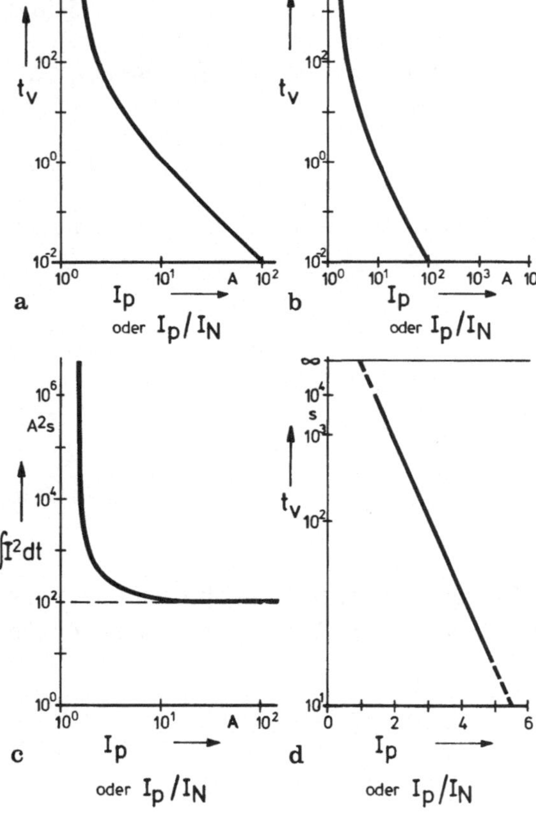

Bild 5/9. Darstellung von Zeit-Strom-Funktionen.

a $t_v = f(I_p)$, logarithmische Maßstäbe mit einem Dekadenverhältnis 1:2

b wie **a**, Dekadenverhältnis 1:1

c $\int I^2\,dt = f(I_p)$, logarithmische Maßstäbe, Dekadenverhältnis 1:2

d $t_v = f(I_p)$, Abszisse linear, Ordinate $\sim t^{-1/3}$

spiele mit schematischen Darstellungen von f_1 bzw. f_2. Auch für f_3 bzw. f_4 („I^2t-Kennlinien") eignen sich diese Koordinatennetze, siehe Bild 5/9c.

In der amerikanischen Praxis werden oft logarithmische Koordinatennetze mit gleich langen Dekaden benutzt (Bild 5/9b). Eine gedehnte Stromskala erlaubt es jedoch, die wichtige Stromhöhe genauer zu zeichnen und abzulesen.

Für den Bereich längerer Schmelzzeiten, etwa ab 10 s, kann es manchmal vorteilhaft sein, zur Darstellung von f_1 bzw. f_2 die Stromachse linear und die Zeitachse proportional zu $1/t^{-1/3}$ zu teilen [5/9] (Bild 5/9d). Man erreicht dadurch, daß die bei logarithmischer Teilung nicht darstellbare Zeit ∞ hier durch eine bestimmte Ordinatenlänge abgebildet wird, und daß die $t(I)$-Kennlinie sich in der Regel einer geraden Linie nähert. Dies erleichtert Extrapolationen insbesondere nach längeren Zeiten hin.

5.9 Literatur

5/1. Meyer, G. J.: Zur Theorie der Abschmelzsicherungen. München: Oldenbourg 1906

5/2. Meyer, G. J.: Theoretisches und Praktisches über Abschmelzsicherungen. Elektrotech. Z. 28 (1907) 430–435; 460–464; 1136–1139; 1158–1161

5/3. Rauch, W.: Kurzschlußstrom-Begrenzung bei der Gleichstromabschaltung durch Schmelzeinsätze. Siemens-Z. (1958) 674–678

5/4. Rauch, W.: Strombegrenzung bei der Abschaltung von Wechselstrom-Kurzschlüssen durch Sicherungen. Elektrotech. Z.-A 80 (1959) 543–547

5/5. Cantarella, G.: L'interruzione di corrente alternata mediante fusibili — L'energia transformata nell' arco (Ital.). Elettrotecnica (Italien) 47 (1960) 262–270

5/6. Lipski, T.: Kriterien für die ordnungsgemäße Wirkungsweise von Niederspannungssicherungen in Gleichstromkreisen (Pol.). Arch. Elektrotech. (Polen) 10 (1961) 579–594

5/7. Lipski, T.: Graphische Methode für die Ermittlung des Durchlaßstromes von Schmelzsicherungen (Pol.). Przegl. Elektrotech. (Polen) 39 (1963) 101–106

5/8. Salzer, E.: Neuzeitliche strombegrenzende Niederspannungs-Sicherungen in den Vereinigten Staaten. Elektrotech. Z.-B 10 (1958) 210–214

5/9. Johann, H.: Eine Formel für die Strom-Zeit-Kennlinie von Schmelzsicherungen und ihre Anwendung zur Ermittlung von Kennwerten. Elektrotech. Z. 58 (1937) 684–686

6 Gasentladungen in Sicherungen

6.1 Allgemeines

Hinsichtlich der allgemeinen Physik der Gasentladungsvorgänge wird auf die kurzgefaßten Monographien [6/1] und [6/2] verwiesen, die sich beide vorzugsweise an den Ingenieur wenden. Eine ausführliche Darstellung findet sich etwa in [6/3]. [6/4] enthält eine kurze Zusammenstellung und Erläuterung von Begriffen.

6.2 Selbständige Gasentladungen

In diesem Abschnitt soll unter Verzicht auf Theorie nur an die hier wichtigsten bekannten Erscheinungen erinnert werden.

Definition

Als selbständige Gasentladung bezeichnet man einen Stromfluß beliebiger Art in Gasen, der nach einer Zündung allein infolge eines elektrischen Feldes und einer durch Ionisation der Gasstrecke bewirkten Leitfähigkeit bestehen bleiben kann. Die Zündung kann etwa durch die thermische Zerstörung einer metallenen Restbrücke zwischen Elektroden eingeleitet werden. Bei einer freien Entladung stellt sich der Querschnitt der Entladungsbahn aufgrund der Stromstärke von selbst ein. Im Gegensatz dazu werden bei wandstabilisierten Entladungen Querschnitt und Querprofil durch Wände auf bestimmte Kanäle eingeengt.

Entladungen mit verhältnismäßig niedrigem Strom, unter normalen Druck- und Temperaturverhältnissen etwa <1 A, und daher niedriger Temperatur, werden als Glimmentladungen bezeichnet, solche mit höherem Strom und höherer Temperatur als Bogenentladungen oder Lichtbögen. In Glimmentladungen entsteht eine geringere Leitfähigkeit infolge überwiegender Stoßionisation, in Bögen eine höhere durch überwiegend thermische Ionisation der Materie, die in diesem Zustand Plasma genannt wird. Bei Drücken ab etwa 1 bar entstehen unmittelbar vor den Elektroden relativ kurze Strecken mit niedrigerer Temperatur und höherer Feldstärke als im Mittelteil des Lichtbogens, der praktisch homogenen Säule. Die elektrische Leitfähigkeit des Plasmas ist umgekehrt proportional zur Wurzel aus dem Druck.

Eine selbständige Gasentladung bleibt nur bestehen, wenn die ihr aus dem Stromkreis zugeführte Energie wenigstens gleich der etwa als Wärme abgegebenen Energie ist. Eine negative Energiebilanz führt zum Erlöschen.

Wandstabilisierte Entladungen

Die für frei brennende Lichtbögen bekannte „fallende $U(I)$-Charakteristik" im Strombereich bis 50 A entsteht u. a. durch reversible Zunahme des Säulendurchmessers mit wachsendem Strom. Bei wandstabilisierten Lichtbögen kann sich dagegen der Lichtbogenquerschnitt nicht an den jeweiligen Strom anpassen, und es besteht kein Zusammenhang zwischen dem Strom und dem Querschnitt des Lichtbogens. Es gibt daher hier auch keine stationäre und allgemein gültige $U(I)$- bzw. $\frac{dU}{dI}(I)$-Charakteristik.

Die in einem Entladungskanal umgesetzte Energie wird als Wärme über die Wand in die Umgebung abgeführt. Dadurch erhöht sich die Wandtemperatur ggf. bis zur Verdampfungstemperatur des Wandmaterials. Bei Rückgang der Entladungsleistung gleicht sich die Temperatur des Plasmas wegen seiner kleinen Wärmekapazität mit einer relativ kleinen Zeitkonstante an die jeweilige Temperatur der Wand an. Besondere Untersuchungen hierüber sind nicht bekannt. Man kann daher Werte zwischen denen für Hochleistungsschalter ($\approx 10^{-6}$ s) und denen für frei brennende Lichtbögen ($\approx 10^{-3}$ s) annehmen, wobei die thermische Zeitkonstante auch für die elektrischen Eigenschaften gilt [6/1]. Die Zeitkonstante des Temperaturausgleiches zwischen Kanalwand und Umgebung ist dagegen ein Vielfaches der vorgenannten Werte (Abschnitt 6.6). Das eingeschlossene Plasma behält bei Rückgang des Stromes noch einige Zeit die höhere Temperatur der Kanalwand und eine größere Restleitfähigkeit als das Plasma einer freien Entladung. Sie ermöglicht einen sogenannten Nachstrom etwa in Form einer Glimmentladung, der entsprechend langsamer abklingt. Der Restleitwert einer Schaltstrecke in Sand läßt sich bei Niederspannungssicherungen insbesondere nach größerer Lichtbogenarbeit oft noch nach Minuten eine Gleichstrommessung nachweisen. In Oszillogrammen von Schaltversuchen wird der Nachstrom oft übersehen, weil er um Zehnerpotenzen kleiner als der prospektive Strom ist. Je nach Höhe und Steilheit der wiederkehrenden Spannung und den thermischen und geometrischen Verhältnissen kann die Leistungsbilanz des Nachstromes auch wieder positiv werden und dadurch eine erneute Bogenentladung entstehen.

Quarzsand als Wandmaterial

Festgepackter Löschsand wirkt bei Gasentladungen in Sicherungen als Wand, so daß Querschnitt und Profil des Entladungskanals wenigstens anfangs mit den Querabmessungen des zerfallenen Schmelzleiters praktisch identisch sind. Durch die Beschränkung des Plasmaquerschnittes erhöht sich besonders bei stromstarken Entladungen der Druck, wird aber abgeflacht und schnell abgebaut, weil die Gase durch die Poren zwischen den Sandkörnern abströmen. Bei weiterer Energiezufuhr kann sich zwar der Querschnitt des Entladungskanals erweitern, wenn Sandkörner eingeschmolzen und die Schmelze verdrängt wird. Die Entladung bleibt aber wandstabilisiert.

Eine Wiederzündung infolge eines dielektrischen Durchschlages erfolgt nur unter besonderen Umständen, etwa bei sehr dünnen Schmelzleitern, kurzer Schmelzzeit und hoher Schaltüberspannung.

6.3 Bemerkungen zu den vorliegenden Arbeiten über Eigenschaften von Lichtbögen in Löschsand

Bei der Bemessung von Sicherungen muß darauf geachtet werden, daß ein etwa hinsichtlich seiner Zeit-Strom-Charakteristik ausgewählter Schmelzleiter auch das geforderte Schaltvermögen hat. Aus Abschnitt 2.6 ergeben sich hierfür bestimmte Anforderungen an die Lichtbogenspannung, die daher meist als typische Eigenschaft gilt. In Wirklichkeit entsteht sie aus dem Zusammenwirken verschiedener Parameter, u. a. von Form und Abmessungen des Schmelzleiters, der Länge des Lichtbogens, der Höhe des Stromes, der Dauer des Abschmelzvorganges, der vorangegangenen Dauer des Lichtbogens und den Eigenschaften des Stromkreises. Da sich die Parameter mehr oder weniger auch gegenseitig beeinflussen, entstehen sehr unübersichtliche Verhältnisse, und beobachtete Lichtbogenspannungen gelten zunächst nur für die betreffenden Einzelfälle und können in dieser Form nicht verallgemeinert werden.

Allgemein verwendbare Aussagen sind vielmehr nur für die elektrischen Eigenschaften des Plasmas in von Löschsand umgebenen Kanälen zu erwarten, nämlich für seinen spezifischen Widerstand bzw. die elektrische Leitfähigkeit. Zwar können diese nur indirekt aus Strom und Spannung von Lichtbögen und den Abmessungen des Lichtbogenkanals abgeleitet werden. Ihre Abhängigkeit von geometrischen und thermodynamischen Parametern läßt sich aber übersichtlich in mathematischer Form darstellen.

Für die bessere Auswertung ist es ggf. zweckmäßig, bei der Beobachtung möglichst viele Parameter konstant zu halten, insbesondere den Lichtbogen mit konstantem Gleichstrom zu betreiben und die Spannung an Schmelzleiterabschnitten konstanten Querschnittes und konstanter Profilform zu messen. Bei der Auswertung sollten als Variable auch Funktionen und bezogene Größen in Betracht gezogen werden, etwa die Stromdichte.

Die vorliegenden Arbeiten entsprechen diesen Gesichtspunkten nicht immer und sind dann für die angedeutete Art der Auswertung nicht verwendbar. Soweit feststellbar, enthält [4/24] erstmals systematische Untersuchungen. Die Spannung von Lichtbögen, die durch Abbrand von Schmelzbändern entstehen, wurde als unabhängig vom Material des Schmelzleiters gefunden. Sondenmessungen mit konstantem Strom ergaben die Gesetzmäßigkeit des Elektrodenabbrandes als Funktion der Stromdichte und eine längenbezogene Lichtbogenspannung als Funktion der Zeit. In [1/2] wird über die Spitzenwerte der Spannungen an Lichtbögen berichtet, die kurz nach gleichmäßigem Zerfall gleichlanger Runddrähte verschiedenen Durchmessers entstehen. Eine weitere Variable ist die Stromdichte im Zeitpunkt des Zerfalls, wobei sich ein Konstanthalten des Stromes erübrigt. Nach neueren Arbeiten [6/5—7] können die mechanischen, thermischen und elektrischen Vorgänge bei Unterbrechen von Sicherungen weitgehend theoretisch erklärt werden.

6.4 Begleiterscheinungen eines Lichtbogens in Sand

Allgemeines

Unter „Sand" wird hier nur Natursand mit rundlichen Körnern nach Abschnitt 9.4 („Löschsand") verstanden.

Die Abschnitte 6.4 bis 6.8 entsprechen [6/5—7] in verkürzter Form.

In der nächsten Umgebung eines mit nachfolgendem Lichtbogen zerfallenen Schmelzleiterabschnittes ist ein scharf abgegrenzter Teil des Löschsandes auffällig verändert. Er ist mehr oder weniger fest zusammengesintert oder zusammengeschmolzen und wird daher als Sinterkörper bezeichnet. Durch kolloidal gelöste Dämpfe des Schmelzleitermetalls ist er gefärbt, bei Silber gelblich, bei Kupfer rötlich, und enthält oft auch kleine Metalltropfen. Je nach Grad und Dauer der Erhitzung variiert die Struktur von locker und porös bis glasartig dicht und fest und der Farbton von hell bis dunkel. Nach außen ist der Sinterkörper gegen den unveränderten Sand scharf abgegrenzt, innen enthält er an der Stelle der zerfallenen Schmelzleiterteile Hohlräume, die als Lichtbogenkanäle bezeichnet werden. Ihr Querschnitt ist nach kürzerer Lichtbogendauer gleich dem der Schmelzleiterteile, nach längerer Lichtbogendauer auch ein Vielfaches davon.

Werden Schmelzleiter durch hohe Stromdichten (etwa >1000 A/mm^2) unterbrochen, so verdampfen die Schmelzleiterreste anschließend sehr schnell, und es entstehen hohe Druckspitzen, deren direkte Messung schwierig ist. Indirekt können sie nach den Regeln der Statik etwa aus dem Druck auf die Wand einer Schaltkapsel abgeleitet werden. Aus dem Bersten von Schaltkapseln bekannter Druckfestigkeit und dem Verhältnis der Oberflächen von Wand und Schmelzleiter ergaben sich in extremen Fällen Drücke $>10^3$ bar im Lichtbogenkanal.

Vorgänge im Lichtbogenkanal

Aus einem Vergleich der Siedetemperaturen der üblichen Schmelzleitermetalle und von Quarz, siehe Tabelle 6/1, mit den zu erwartenden Lichtbogentemperaturen >4000 K kann gefolgert werden, daß die Metalldämpfe nach kürzester Zeit durch Quarzdämpfe aus dem Lichtbogenkanal verdrängt werden. Der Kanal enthält dann ein praktisch metallfreies Quarz- bzw. Sili-

Tabelle 6/1. Schmelz- und Siedetemperaturen bei 1 bar; nach [6/8]

Werkstoff	Schmelz-temperatur °C	Siede-temperatur °C
Silber	960,8	2193
Kupfer	1083	2582
Quarz	≈1725	≈2200

ziumplasma. Dies erklärt Erfahrungen, nach denen die elektrischen Eigenschaften von Lichtbögen unabhängig vom Schmelzleitermaterial sind.

Querschnitt des Sinterkörpers

Wie die Beobachtung zeigt, ist das Verhältnis zwischen dem Querschnitt A_4 des Sinterkörpers und dem Querschnitt A_1 des zerfallenen Schmelzleiters näherungsweise unabhängig von Material und Querschnitt des Schmelzleiters und sei daher als Sinterkörperverhältnis ε bezeichnet, also

$$\varepsilon = A_4/A_1 \, . \tag{6/1}$$

Nach der Beanspruchung eines Lichtbogenabschnittes mit einer mittleren längenbezogenen Spannung der Größenordnung 10 V/mm ist erfahrungsgemäß bei praktisch gleichzeitigem Zerfall der betreffenden Lichtbogenstrecke nach kurzer Lichtbogendauer $\varepsilon \approx 10$, bei Elektrodenabbrand $\varepsilon \approx 30$ und kann nach langer Lichtbogendauer bis $\varepsilon \approx 100$ wachsen.

Aus dem Sinterkörperverhältnis läßt sich unter bestimmten Annahmen die Spitzengeschwindigkeit $\hat{v}$ der Schmelzleiterdämpfe in den Kapillaren des späteren Sinterkörpers abschätzen. Geeignete Daten sind etwa $\varepsilon \approx 10$ bei einer kurzen Lichtbogendauer $t_a \approx 2$ ms, ferner ein Bereich der Schmelzleiterdicke $d_4 = 0{,}1$ bis 0,4 mm. Die ungefähre Länge l_k der Kapillaren kann als das 1,5fache der halben Dicke des Sinterkörpers angenommen werden, so daß $l_k \approx 1{,}5 \cdot d_4 \cdot \varepsilon/2 = (0{,}75$ bis $3{,}0)\, 10^{-3}$ m und

$$\hat{v} = l_k/t_a \approx (0{,}4 \text{ bis } 1{,}5)\ \text{m/s} \, . \tag{6/2}$$

6.5 Theorie der mechanischen Vorgänge

Mechanische Vorgänge sind insbesondere die bei Verdampfung geschmolzenen Schmelzleitermaterials entstehenden Drücke und deren Folgen. Da direkte Messungen praktisch nicht möglich sind, können brauchbare Aussagen nur unter Zuhilfenahme theoretischer Überlegungen erwartet werden.

Druckerhöhung im Lichtbogenkanal bei Annahme adiabatischer Vorgänge

Nimmt man an, daß bei Lichtbogentemperatur die Dämpfe der Schmelzleitermetalle sich nach der thermodynamischen Zustandsgleichung verhalten, und nur ein mit den Abmessungen des zerfallenen Schmelzleiters identisches Volumen erfüllen, so müßte ihr Druck bei angenommenen Temperaturen 10000 K bzw. 20000 K auf ungefähr 100 kbar bzw. 200 kbar ansteigen. Nach der in Abschnitt 6.4 erwähnten indirekten Methode erhält man jedoch höchstens etwa zwei Zehnerpotenzen niedrigere Höchstwerte. Nun füllen die Dämpfe offensichtlich auch den Raum der Poren des Sinterkörpers aus. Bei einem angenommenen Sinterkörperverhältnis $\varepsilon \approx 25$ und einem empirischen Füllgrad des Sandes $\gamma \approx 0{,}7$ würden sie sich dadurch auf das 8,5fache Volumen ausdehnen. Der hierfür berechnete Druck wäre immer noch um eine Zehnerpotenz zu hoch. Die vorstehenden Annahmen sind offensichtlich unbrauchbar, weil sie wichtige Vorgänge nicht berücksichtigen.

Druck im Lichtbogenkanal als Staudruck

Da die Dämpfe des Schmelzleitermetalls aus dem Lichtbogenkanal verschwinden, handelt es sich um einen Strömungsvorgang. Der Druck innerhalb des Lichtbogenkanals kann daher als identisch mit dem Staudruck an dem gemeinsamen Strömungswiderstand aller Poren des späteren Sinterkörpers angenommen werden. Zwar sind die geometrischen Verhältnisse in den Poren nicht exakt zu definieren, so daß keine Berechnung von Absolutwerten erwartet werden kann. Man kann aber den Einfluß der wichtigsten Parameter an einem Modell betrachten, auf das die allgemeine Strömungsgleichung

$$p = \lambda_{\mathrm{R}} \frac{l}{2r} \frac{v^2}{2} \varrho \tag{6/3}$$

anwendbar ist. Einzelheiten der Theorie sind aus [6/7] zu entnehmen. Man erhält die Proportionalität

$$\hat{p} \sim (A_1/c)^{2,65} (NI_{\mathrm{m}})^{1,65} r_{\mathrm{b}}^{-1,35} \, . \tag{6/4}$$

Hierin bedeuten $\hat{p}$ der Spitzenwert des Überdruckes im Zeitpunkt der vollständigen Verdampfung des Schmelzleitermaterials, A_1 der Querschnitt des Schmelzleiters, c sein Umfang, N die längenbezogene Anzahl der gleichzeitig in Reihe liegenden Lichtbögen, I_{m} der Strom im Zeitpunkt von $\hat{p}$, r_{b} der mittlere Radius der Sandkörner.

Die in (6/4) berücksichtigten Parameter erscheinen ausreichend und ihre Potenzen plausibel. Es sei aber ausdrücklich betont, daß auch hier kein Wärmeaustausch zwischen den abströmenden Dämpfen und dem Löschsand berücksichtigt ist. Die Theorie gilt daher nur für den bei der Definition von $\hat{p}$ genannten Zeitpunkt.

6.6 Theorie der thermischen Vorgänge

Kühlung des Plasmas

Die in die Poren strömenden Dämpfe des Schmelzleitermaterials kondensieren unter Wärmeabgabe an der Oberfläche der von ihnen berührten Sandkörner. Da die unregelmäßige Form der wirklichen Sandkörner keine quantitativen Aussagen erlaubt, seien an ihrer Stelle Kugeln des gleichen mittleren Radius r_b angenommen, deren Anzahl n_b innerhalb eines bestimmten Volumens V auch von dem empirischen Füllgrad $\gamma = n_b V_b / V$ abhängt. Da eine Kugeloberfläche $S_b = 4\pi r_b^2$ und ein Kugelvolumen $V_b = (4/3)\,\pi r_b^3$ sind, ferner $V = n_b V_b/\gamma$, so ist die auf V bezogene Gesamtoberfläche S der in V enthaltenen Kugeln

$$\frac{S}{V} = \gamma \frac{n_b S_b}{n_b V_b} = 3\gamma r_b^{-1} \,. \tag{6/5}$$

Unter der Annahme praktisch gleichbleibender Temperatur der wärmeabgebenden Dämpfe, ist daher die Zeit bis zum völligen Schmelzen einer Sandkugel etwa

$$t \sim V_b/S_b \sim r_b \,. \tag{6/6}$$

Dies gilt zunächst gleichmäßig für alle mit den Dämpfen in Kontakt kommenden Sandkugeln. Genügt diese Zeit nicht zur Löschung des Lichtbogens, so beginnt ein anderer Vorgang. Die dem Lichtbogenkanal unmittelbar anliegenden Sandkörner erreichen als erste die Schmelztemperatur. Die Schmelze wird durch den im Lichtbogenkanal bestehenden Überdruck in die vorher offenen Poren gepreßt und verstopft diese, wodurch der vorher sehr intensive Energietransport des strömenden Dampfes unterbunden wird. Weitere Energie kann nur noch mittels der vergleichsweise kleinen Wärmeleitfähigkeit des Sinterkörpers abgeführt werden, die nach Tabelle 6/2 von seiner Struktur abhängt. Für dichte Quarzschmelze dürfte sie ähnlich wie für Quarzglas sein, für die porösen Teile sich dem Wert für Sand nähern.

Aus dem Vorangehenden ergibt sich ein erheblicher Einfluß der Größe der Sandkörner. Bei kleinerem Kornradius steigt entsprechend (6/5) zwar die Anfangsgeschwindigkeit der Energieaufnahme, wobei aber nach (6/6) die Poren einer dünneren Schicht des Sinterkörpers früher verstopft werden. Dadurch ergeben sich nur im Falle einer relativ geringen längenbezogenen Lichtbogenenergie gewisse Vorteile. Großer Kornradius verzögert zwar ein Verstopfen der Poren, verlangsamt aber auch die Energieaufnahme in nachteiliger Weise, so daß ein optimaler Bereich der Kornradien zu erwarten ist. Dies stimmt mit Beobachtungen [1/2] überein (Bild 6/1).

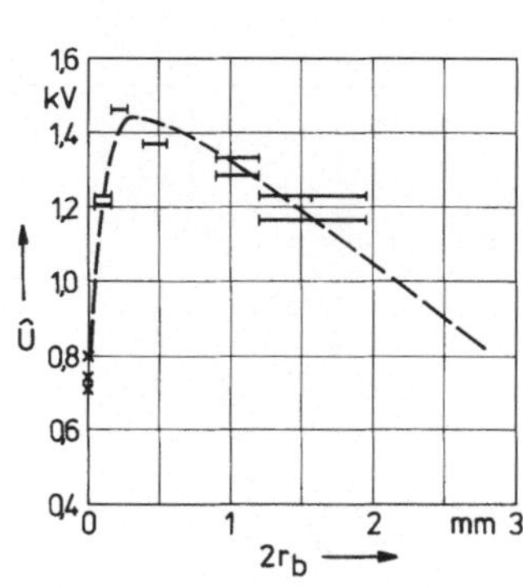

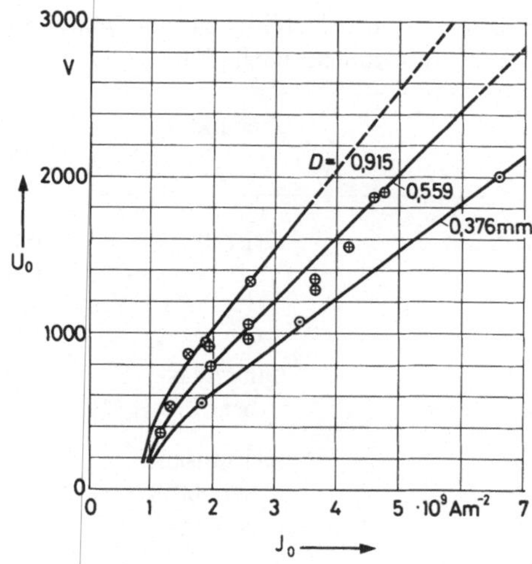

Bild 6/1 Bild 6/2

Bild 6/1. Schaltspannung $\hat{U}$ als Funktion des mittleren Durchmessers $2r_b$ der Sandkörner. Schmelzleiter: Kupferdraht $D = 0{,}56$ mm, 50 mm lang. Stromkreis: 240 V (Gleichspannung), 1 kA, 1,34 mH [1/2]

Bild 6/2. Lichtbogenspannung U_0 unmittelbar nach primärem Zerfall von 50 mm langen Runddrähten in Abhängigkeit von der Stromdichte J_0. Parameter: Durchmesser D der Drähte (Kupfer) [1/2]

Zeitlicher Verlauf des Energieaustausches

Aussagen über den zeitlichen Verlauf des gesamten Energieaustausches zwischen Lichtbogenkanal und Umgebung sind nur aufgrund allgemeiner Erfahrungen möglich. Verdampft ein Schmelzleiterabschnitt unter hoher Stromdichte in sehr kurzer Zeit, so wird die im Dampf enthaltene Wärme wegen der relativ großen Gesamtoberfläche der Sandkörper wahrscheinlich in etwa 0,5 bis 2 ms vom Volumen des Sinterkörpers aufgenommen. Normalerweise folgt innerhalb einiger Millisekunden der überwiegende Teil der Energie des eigentlichen Lichtbogens, wobei sich der Sinterkörper entsprechend der Lichtbogenarbeit vergrößert. Der weitere Temperaturausgleich zwischen Sinterkörper und unverändertem Löschsand sowie den übrigen Teilen der Sicherung erfordert wegen dessen geringer Wärmeleitfähigkeit, siehe Tabelle 6/2, und der verteilten großen Wärmekapazität wesentlich längere Zeit, bei Sicherungen großen Nennstromes bis 10 min und mehr. Zerfällt dagegen ein Schmelzleiter durch Elektrodenabbrand, so entsteht der Dampf stetig und mit geringerem Druck. Während des Lichtbogens ist die Leistung relativ geringer. Insbesonders bei kleiner Stromdichte kann aber die Löschzeit und dadurch die Lichtbogenarbeit größer als bei schnellem Zerfall werden. Beides beeinflußt Größe und Struktur des Sinterkörpers, siehe Abschnitt 6.4.

Tabelle 6/2. Wärmeleitfähigkeit von Quarz (SiO_2) in verschiedenen Zuständen und von Schmelzleitermetallen; nach [6/8]

	Zustand	Wärmeleitfähigkeit W/mK	Relative Werte %
Quarz	Kristall	6,8 bis 12,6 (je nach Richtung zur Kristallachse) Mittel: 9,7	100
	Quarzglas bei 1273 K	≈2,7	28
	Kristallsand bei 300 K	≈0,4	
	bei 500 K	≈0,5	4 ... 5
Silber, Kupfer		≈400	—

Grenzen des Energieaustausches zwischen Schmelzleiter und Sinterkörper

Die Mindestgröße eines Sinterkörpers, bezogen auf das Volumen des Schmelzleiters, läßt sich berechnen, wenn man annimmt, daß letzteres ohne Überhitzung durch einen anschließenden Lichtbogen gerade vollständig verdampft. Man kann aus bekannten Materialwerten ableiten [6/5], daß der gesamte volumenbezogene Energiebedarf zum Erwärmen von 293 K ab sowie zum Schmelzen und Verdampfen von Silber $31{,}2 \cdot 10^6$ kJ/m^3 bzw. von Kupfer $53{,}3 \cdot 10^6$ kJ/m^3 beträgt. Bei Kondensation der Metalldämpfe und Abkühlen der Schmelze auf die Schmelztemperatur von Quarz stehen hiervon $\approx 26 \cdot 10^6$ kJ/m^3 bzw. $\approx 46 \cdot 10^6$ kJ/m^3 zum Erwärmen des Quarzsandes aus etwa 293 K und Schmelzen bei 1998 K zur Verfügung. Porenfreier Quarz würde hierfür $\approx 4{,}0 \cdot 10^6$ kJ/m^3 benötigen. Für Sand mit einem empirischen Füllgrad $\gamma = 0{,}7$ genügen jedoch $\approx 2{,}8 \cdot 10^6$ kJ/m^3. Unter den obigen Voraussetzungen entsteht daher nur durch den Energietransport des Schmelzleiterdampfes ein Sinterkörper, dessen Volumen bei Silber $\approx 9{,}3$ mal, bei Kupfer $\approx 16{,}5$ mal größer ist als der des primär zerfallenen Schmelzleitervolumens.

Empirische Werte dieses Verhältnisses sind aus Abschnitt 6.4 zu entnehmen.

6.7 Elektrische Eigenschaften von Lichtbögen

Nach schnellem primären Zerfall von Schmelzleitern

Eine erneute Auswertung älterer Untersuchungen nach [1/2], die den in Abschnitt 6.3 aufgestellten Gesichtspunkten entsprechen, führte auf bemerkenswerte Erkenntnisse. Bild 6/2 gibt die in [1/2] mitgeteilten Lichtbogenspannungen U_0 unmittelbar nach vollständigem Zerfall von Schmelzleitern aus Runddrähten verschiedener Durchmesser wieder. In diesem Zeitpunkt kann der Querschnitt des Lichtbogenkanals noch praktisch gleich dem des Schmelzleiters angenommen werden, und die Lichtbogenspannungen lassen sich nach [6/6] durch einen nicht vom Strom oder der Stromdichte abhängigen spezifischen Widerstand ϱ_0 im Lichtbogenkanal erklären, für den die zugeschnittene Größengleichung

$$\varrho_0 \approx \varrho_{01} \left(\frac{A/c}{\mathrm{m}}\right)^{0,6} = \varrho_{01} \xi^{0,6} \tag{6/7}$$

gilt. Hierin ist ϱ_{01} eine unter bestimmten thermischen Verhältnissen konstante spezifische Widerstandsgröße. Sie hängt jedoch von der Ausgangstemperatur des Löschsandes ab. Bei ≈ 20 °C ist $\varrho_{01} \approx 1{,}6 \cdot 10^{-3}\ \Omega\mathrm{m}$. ξ ist das längenbezogene Verhältnis des Schmelzleiterquerschnittes A zum Schmelzleiterumfang c und wird hier als normierter Profilkoeffizient bezeichnet. Bild 6/3 zeigt den Verlauf der Funktion $\xi^{0,6} = f(\xi)$. Diese Profilkoeffizienten betragen bei Schmelzleitern üblicher Querprofile zwischen $1 \cdot 10^{-5}$ für dünnere und $5 \cdot 10^{-4}$ für dickere Querschnitte. Da allgemein $\varrho = E/J$, so läßt sich mit (6/7) und J_0 die Feldstärke $E_0 = \varrho_0 J_0$ und für eine gegebene Zerfallsstrecke l auch $U_0 = E_0 l$ berechnen.

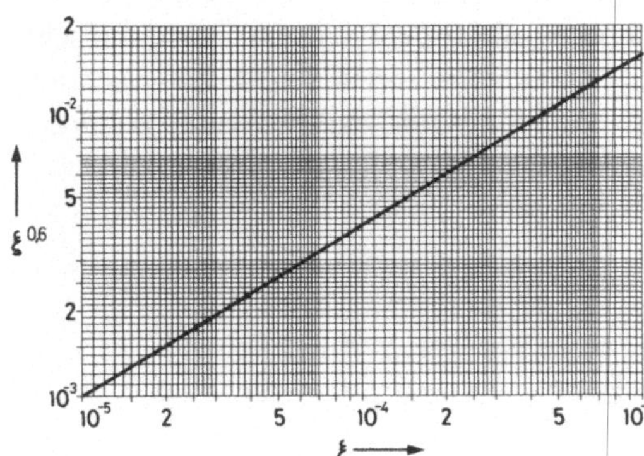

Bild 6/3. Zu (6/7): $\xi^{0,6} = f(\xi)$ für Schmelzleiter üblicher Querprofile

Nach Zerfall durch Elektrodenabbrand. Einfluß der Lichtbogendauer

Ergebnisse einer älteren Untersuchung [4/24], die den Gesichtspunkten nach Abschnitt 6.3 entsprechen, wurden weiter ausgewertet. Das hieraus wiedergegebene Bild 6/4 zeigt die zeitlichen Auswirkungen eines konstanten Lichtbogenstromes auf den längenbezogenen Lichtbogenwiderstand. Als Beispiel dient ein Lichtbogen, der sich durch Elektrodenabbrand mit konstanter Geschwindigkeit verlängert. Zu Vergleichszwecken wurde als Ordinate ein spezifischer Widerstand gewählt, der auf den Querschnitt des Schmelzleiters bezogen ist. Es zeigt sich, daß dieser hier bei Entstehen des Lichtbogens unge-

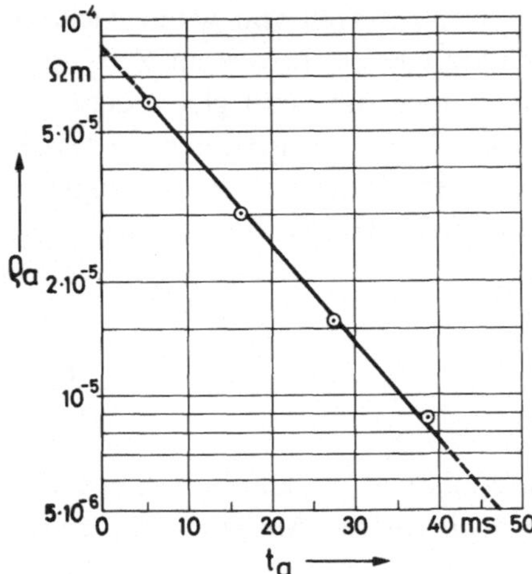

Bild 6/4. Spezifischer Widerstand ϱ_a in einem Lichtbogenkanal nach Elektrodenabbrand als Funktion der örtlichen Lichtbogendauer t_a. Kupferband 5 mm × 0,2 mm. $I_a = 500$ A (Gleichstrom). Lichtbogenquerschnitt gleich Querschnitt des Schmelzbandes angenommen. Zeitkonstante des Abklingvorgangs $\tau = 16{,}5$ ms

fähr zehnmal größer als nach primärem Zerfall ist, dann aber einer abklingenden Exponentialfunktion folgt, so daß der Gesamtwert des Lichtbogenwiderstandes nur mit stetig abnehmender Geschwindigkeit wächst. Weitere Beobachtungen (Bild 6/5) betreffen den Einfluß der Stromhöhe auf die Lichtbogenspannung bei verschiedenen Schmelzleiterquerschnitten zu dem Zeitpunkt, in dem der Lichtbogen eine bestimmte gleiche Länge erreicht. Der hiernach berechnete und auf den Schmelzleiterquerschnitt bezogene mittlere spezifische Widerstand nimmt mit wachsender Stromdichte ab (Bild 6/6), mit wachsendem Zeitbedarf zu (Bild 6/7). Es ist bemerkenswert, daß bei dieser Wahl der Variablen Unterschiede 1:4 der Schmelzleiterquerschnitte ohne Einfluß auf den Verlauf dieses mittleren spezifischen Widerstandes sind.

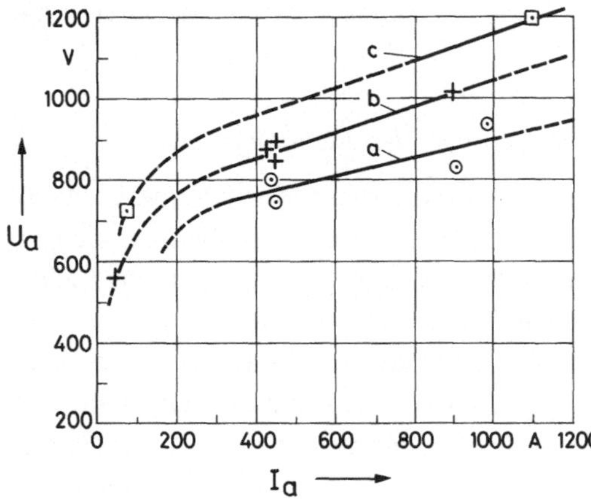

Bild 6/5. Spannung U_a eines Gleichstrom-Lichtbogens nach Elektrodenabbrand auf 48 mm Länge als Funktion des Stromes I_a. Kupferband 5 mm breit; Dicke (a) 0,4 mm, (b) 0,2 mm, (c) 0,1 mm

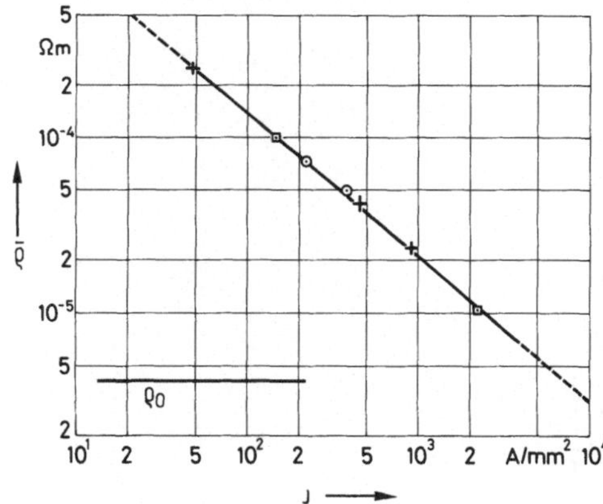

Bild 6/6. Mittlerer spezifischer Widerstand $\bar{\varrho}$ aus Bild 6/5 als Funktion der Stromdichte J. Lichtbogenquerschnitt gleich Querschnitt des Schmelzbandes angenommen. Zum Vergleich: Spezifischer Anfangswiderstand ϱ_0 nach primärem Zerfall

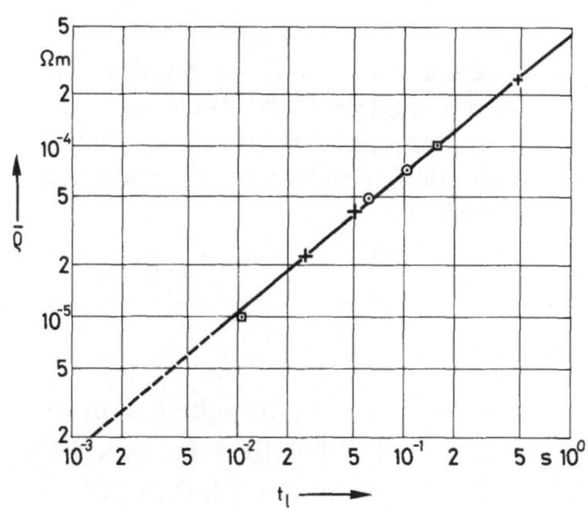

Bild 6/7. $\bar{\varrho}$ aus Bild 6/5 als Funktion des Zeitbedarfs t_l zum Entstehen der Lichtbogenlänge 48 mm

6.8 Theorie der elektrischen Eigenschaften

Die Erklärung, Formulierung und ggf. die Verallgemeinerung der in Abschnitt 6.7 mitgeteilten elektrischen Eigenschaften erfordern einige theoretische Betrachtungen.

Zusammenhang zwischen elektrischen Eigenschaften und Zustand des Plasmas unter den vorhandenen besonderen Bedingungen

Nach [6/1] gilt für die elektrische Leitfähigkeit σ bei einfacher Ionisation eines Plasmas die zugeschnittene Größengleichung

$$\frac{\sigma}{\mathrm{Sm}^{-1}} \approx C\left(\frac{p}{\mathrm{bar}}\right)^{-0,5}\left(\frac{T}{K}\right)^{0,75} \exp\left(-W_{\mathrm{i}}/2kT\right). \qquad (6/8)$$

Nach [6/7] ist $C = 1{,}39 \cdot 10^4$. Die Ionisationsenergie von Silizium beträgt $W_{\mathrm{i}} = 8{,}1$ eV. Bild 6/8 zeigt die so berechnete Leitfähigkeit σ sowie den spezi-

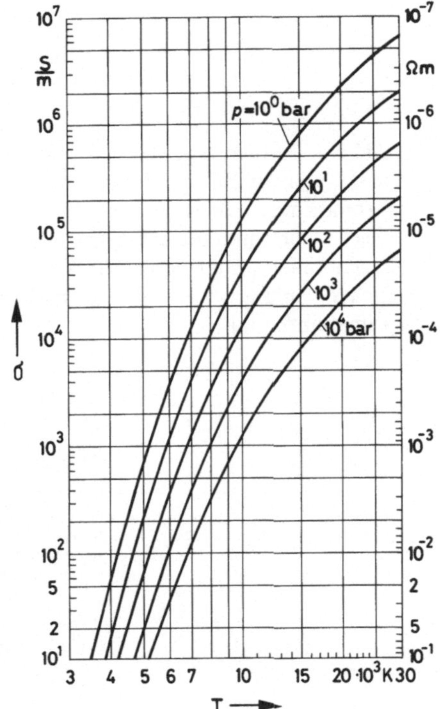

Bild 6/8. Nach (6/8) berechneter Leitwert σ und spezifischer Widerstand ϱ des Lichtbogenplasmas in Sand als Funktionen der Temperatur T. Parameter: Druck p

fischen Widerstand ϱ als deren Reziprokwert in Abhängigkeit von der thermodynamischen Temperatur für Drücke $p = 10^0$ bis 10^4 bar. Innerhalb des interessierenden Bereiches $T = (3 \text{ bis } 30) \cdot 10^3$ K ist der Einfluß höherer Temperatur ungefähr zwölfmal größer als der entgegengesetzte Einfluß höheren Druckes.

Auswirkung des Zerfallsmechanismus

Aus den Abschnitten 4.2 und 4.4 sind sehr unterschiedliche Mechanismen des Schmelzleiterzerfalls zu entnehmen. Primärer Zerfall hat eine relativ schnelle Verdampfung des Schmelzleiters und eine mehr oder weniger starke Druckerhöhung zur Folge (Abschnitt 6.5). Bei Zerfall des Schmelzleiters durch Elektrodenabbrand beträgt jedoch die Verdampfungsgeschwindigkeit nur etwa 1/10 bis 1/1000 der Werte bei primärem Zerfall, so daß der Druck unter Umständen nur unwesentlich erhöht wird. Beide Fälle müssen getrennt behandelt werden.

Spezifischer Widerstand des Schmelzleiterplasmas unmittelbar nach primärem Zerfall

Nach [6/7] kann die in Abschnitt 6.7 dargestellte Höhe des spezifischen Widerstandes im wesentlichen durch den in Abschnitt 6.5 behandelten Staudruck der Schmelzleiterdämpfe erklärt werden. Dieser ergibt nach (6/4) in Verbindung mit der Teilaussage $\varrho \sim p^{0,5}$ aus (6/8)

$$\varrho_0 \sim (A/c)^{1,32} \tag{6/9}$$

an Stelle des empirisch gefundenen Ausdruckes (6/7)

$$\varrho_0 \sim (A/c)^{0,6} .$$

Die Einführung eines normierten Profilkoeffizienten $\xi = \frac{A/c}{m}$, unabhängig von der Form des Querprofils des Schmelzleiters, ist dadurch theoretisch begründet. Würde man nach (6/8) auch die Temperaturerhöhung durch die Lichtbogenenergie berücksichtigen, so würde dadurch der Exponent in (6/9) erniedrigt und besser an die Beobachtungen angepaßt.

Weiterhin ergibt sich für A/c = const aus (6/4)

$$\varrho_0 \sim (NI_m)^{0,82} \tag{6/10}$$

an Stelle der Beobachtung nach (6/7)

$$\varrho_0 \approx \text{const} .$$

Auch dieser Unterschied ist wenigstens teilweise durch die mit dem Strom wachsende Leistung und Temperatursteigerung im Lichtbogenkanal zu begründen.

Aus (6/4) lassen sich ferner wichtige Aussagen über die absoluten Werte von Drücken und Temperaturen ableiten. Wenn man den Strom für sehr langsamen primären Zerfall mit I_{min} bezeichnet und den hierbei auftretenden Druck p_{min} = 1 bar setzt, so ergibt sich für den Staudruck die zugeschnittene Größengleichung

$$\frac{\hat{p}_m}{\text{bar}} = \frac{\hat{p}_m}{\hat{p}_{min}} \geqq \left(\frac{I_m}{I_{min}}\right)^{1,65} . \tag{6/11}$$

Die zugehörige Plasmatemperatur läßt sich für ϱ_0 aus (6/7) mit $\hat{p}_m$ nach (6/11) etwa aus Bild 6/8 ablesen. Die nach dieser Methode für den Bereich üblicher Profilkoeffizienten und einige angenommene Staudrücke ermittelten Plasmatemperaturen sind in Tabelle 6/3 zusammengestellt.

Spezifischer Widerstand in der Zeit nach primärem Zerfall

Durch das Abströmen der Schmelzleiterdämpfe geht der Druck im Lichtbogenkanal zurück, kann sich aber bei hoher längenbezogener Lichtbogen-

Tabelle 6/3. Plasmatemperaturen in Sand nach primärem Zerfall des Schmelzleiters; nach [6/6, 7]

Übliche bezogene Profilkoeffizienten
$\xi = 1 \cdot 10^{-5}$ bis $50 \cdot 10^{-5}$
Spezifische Widerstände
$\varrho_0 = (1{,}6 \cdot 10^{-6}$ bis $16 \cdot 10^{-6})\ \Omega\mathrm{m}$
Entsprechende Leitfähigkeiten
$\sigma_0 = (0{,}6 \cdot 10^6$ bis $0{,}06 \cdot 10^6)$ S/m

Druck $\bar{p}$ bar	Temperatur $T \cdot 10^3$ K
1	14 ... 9
10	19 ... 11
100	29 ... 14
1000	>30 ... 19

energie durch Verstopfen der Kapillaren und Erzeugung von Quarzdampf wieder erhöhen. Schließt man letzteres aus, so dürften die Verhältnisse nach einigen Millisekunden ähnlich wie nach Elektrodenabbrand werden, so daß die hierfür entwickelte Theorie anwendbar erscheint.

Spezifischer Widerstand nach Elektrodenabbrand

Die in Abschnitt 6.7 enthaltene Auswertung eines Beispiels mit konstantem Lichtbogenstrom sollte nur Vergleiche ermöglichen und ist daher rein formaler Art. Eine theoretische Betrachtung muß jedoch die physikalischen Vorgänge berücksichtigen.

Nach [6/7] kann in erster Näherung angenommen werden, daß die im Lichtbogenkanal umgesetzte Energie in einem wachsenden unmittelbar angrenzenden Sandvolumen gespeichert wird und daß dieses hierdurch sofort seine Schmelztemperatur annimmt und schmilzt. Dabei wird das Volumen des Lichtbogenkanals um das Volumen der ursprünglichen Poren des betreffenden Sandvolumens erweitert. Die analytische Behandlung eines solchen Vorganges ergibt für den längenbezogenen Widerstand des Lichtbogens eine abklingende Exponentialfunktion der Zeit mit der Zeitkonstante

$$\tau = \frac{A^2(t)}{zI^2\varrho(t)}, \tag{6/12}$$

wenn $A^2/\varrho = \text{const.}$ z ist eine thermische Materialkonstante des Sandes. Mit den Werten für A und ϱ bei $t = 0$ und der Zeitkonstante τ aus Bild 6/4 lassen sich $A(t)$ und $\varrho(t)$ nach (6/12) berechnen und sind in Bild 6/9 dargestellt.

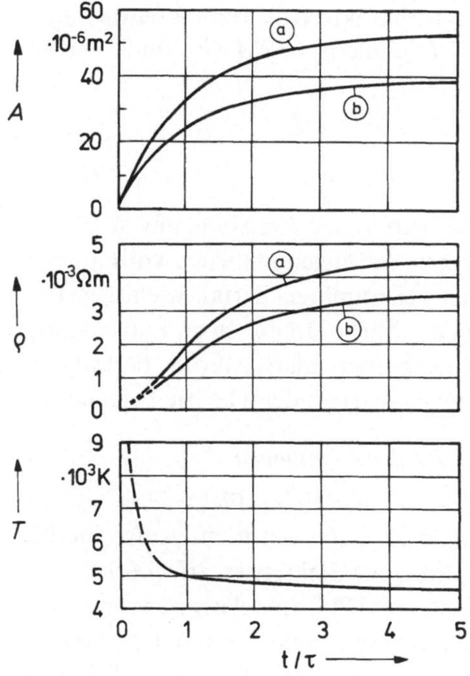

Bild 6/9. Für die Zeit nach Elektrodenabbrand aus Bild 6/4 nach (6/12) berechnete Werte des Querschnittes A des Lichtbogenkanals und des spezifischen Widerstandes ϱ des Plasmas, (a) für Füllgrad $\gamma = 0{,}63$; (b) für $\gamma = 0{,}70$.
$I = 500$ A, $A_0 = 1{,}00 \cdot 10^{-6}$ m². t/τ relative Zeit mit $\tau = 16{,}5 \cdot 10^{-3}$ s. T Plasmatemperatur aus ϱ nach Bild 6/8 (Werte aus [6/7], ergänzt und korrigiert)

Die gleichfalls dargestellte Plasmatemperatur wurde für $\varrho(t)$ bei $p = 1$ bar aus Bild 6/8 abgelesen. Da die Theorie von der bereits gespeicherten Energie ausgeht, kann sie für $t = 0$ keinen bestimmten Wert von ϱ liefern. Im zitierten Beispiel wurde aus Bild 6/4 für $A_0 = 1 \cdot 10^{-6}$ m² ein Wert $\varrho_0 = 0{,}84 \cdot 10^{-4}\,\Omega$m extrapoliert, dem bei 1 bar eine Plasmatemperatur $7{,}0 \cdot 10^3$ K entspricht. Es ist jedoch nicht bekannt, wie weit ein solcher formal extrapolierter Wert der Wirklichkeit entspricht. Auch könnte sich die Art des Schmelzleiterzerfalls (Abschnitte 4.2, 4.4) auf ϱ_0 auswirken.

Im weiteren Zeitverlauf wird im allgemeinen wie hier der Wert von A_0 unerheblich gegenüber der Erweiterung von A, was auch durch die in Abschnitt 6.7 erwähnte Beobachtung an verschiedenen Schmelzleiterquerschnitten bestätigt wird.

Nach (6/12) ist die Zeitkonstante der Exponentialfunktion proportional I^{-2}. Dieses wichtige Ergebnis ist offenbar unabhängig vom Wert des konstanten Verhältnisses A^2/ϱ. Ob und wie A^2/ϱ von anderen Größen abhängt, ist noch unbekannt.

In [6/7] wurde ein Füllgrad $\gamma = 0{,}63$ angenommen. In der Praxis läßt sich $\gamma \approx 0{,}70$ erreichen. Hiermit erhält man merklich kleinere Werte für A und ϱ, siehe Bild 6/9. Die Werte von T steigen um ungefähr 3% und sind nicht besonders dargestellt.

In [6/7] blieb auch offen, ob die bei (6/12) gemachte Annahme $A^2/\varrho = \text{const}$ sich anderweitig begründen läßt. U' und R' seien die längenbezogenen Größen.

Nun bedeutet die bekannte fallende $U(I)$-Charakteristik von Gasentladungen in grober Näherung $U' \sim 1/I$. Mit $R' = U'/I$ und $\varrho = R'A$ wird für $A \to$ const

$$\varrho = \frac{U'A}{I} \sim \frac{A}{I^2} \to \frac{A^2}{I^2} \cdot \text{const} . \qquad (6/13)$$

Für gegebenes I korrespondiert also die betreffende Annahme mit (6/13).

Die vorstehende Theorie braucht wegen der angenommenen vollständigen Speicherung der Lichtbogenenergie den bei primären Zerfall wichtigen Umfang c des Schmelzleiters nicht zu berücksichtigen. In extremen Fällen kann c jedoch den Wärmeabfluß aus dem Sinterkörper relativ stärker beeinflussen und dadurch die Zeitspanne für die Anwendbarkeit der Theorie begrenzen.

Auswirkungen des Elektrodenabbrandes auf den Lichtbogen

Es läßt sich zeigen [6/7], daß im Normalfall dünner Elektroden von der Gesamtspannung eines Lichtbogens in Sand ≈ 100 V nur zur Aufrechterhaltung des Abbrandes und der Verdampfung der Elektroden erforderlich sind. Dieser Spannungsanteil konzentriert sich je zur Hälfte in relativ dünnen Schichten unmittelbar vor den Elektroden, da hier wegen des Leistungsabflusses in die Elektroden die Temperatur des Plasmas und folglich auch seine elektrische Leitfähigkeit wesentlich geringer als in der Säule sind. Aus der Gleichheit und Höhe beider Elektrodenspannungen geht hervor, daß Kathodenfall und Anodenfall gegenüber den abbrandbedingten Erscheinungen relativ unbedeutend sind.

6.9 Literatur

6/1. Rieder, W.: Plasma und Lichtbogen. Braunschweig: Vieweg 1967

6/2. Hoyaux, M. B.: Arc physics (Engl.). Berlin, Heidelberg, New York: Springer 1968

6/3. Finkelnburg, W.; Maecker, H.: Elektrische Bögen und thermisches Plasma. Handb. Physik 22. Bd., S. 254–444. Berlin, Göttingen, Heidelberg: Springer 1956

6/4. Dt. Norm.-Aussch.: DIN 1326 Bl. 1 u. 2 Gasentladungen, Begriffe. Berlin, Köln, Frankfurt (M): Beuth 1971, 1967

6/5. Johann, H.: Ausschaltlichtbögen in elektrischen Sicherungen mit körnigem Löschmittel. Teil 1: Mechanische und thermische Vorgänge. Siemens Forsch.- u. Entwickl.-Ber. 7 (1978) 208–213

6/6. Johann, H.: Ausschaltlichtbögen in elektrischen Sicherungen mit körnigem Löschmittel. Teil 2: Elektrische Eigenschaften und ihre Parameter. Siemens Forsch.- u. Entwickl.-Ber. 9 (1980) 205–209

6/7. Johann, H.: Ausschaltlichtbögen in elektrischen Sicherungen mit körnigem Löschmittel. Teil 3: Theorie der elektrischen Eigenschaften. Siemens Forsch.- u. Entwickl.-Ber. 10 (1981) 139–144

6/8. Kohlrausch, F.: Praktische Physik, 22. Aufl. Bd. 2. Stuttgart: Teubner 1968

7 Vorgänge in Stromkreisen, die durch Sicherungen ausgeschaltet werden

7.1 Allgemeines

Dieses Kapitel behandelt im besonderen die Auswirkung von Ausschaltlichtbögen in Sicherungen auf den Stromkreis. Lichtbogenvorgänge als solche siehe Kapitel 6.

Ausführliche Zusammenfassungen der wichtigsten Veröffentlichungen hierzu sind in [1/3] enthalten, so daß im folgenden nur die wesentlichen Ergebnisse unter Betonung der funktionellen Zusammenhänge gezeigt werden, darunter auch einige meist weniger beachtete Themen.

7.2 Elektrische Voraussetzungen für das Ausschalten des Stromes

Ausschalten durch Gasentladungen

In der Literatur, etwa in [2/3], wird der elektrische Zustand eines auszuschaltenden Stromkreises mit einer Gasentladung durch die bekannte Spannungsgleichung

$$IR_c + L_c \frac{dI}{dt} + U_a(t) = U_c \tag{7/1}$$

beschrieben. Hierin sind U_c der Momentanwert der Quellenspannung des Stromkreises, R_c sein Widerstand, L_c seine Induktivität. U_a ist die Spannung des Lichtbogens oder anderer Gasentladungen. Sie ergibt sich als IR_a aus dem zeitabhängigen Strom I und dem jeweiligen Widerstand R_a des Lichtbogens. Die Stromkreiskonstanten R_c und L_c sind stets positiv. Die gegebenenfalls zeitabhängigen Variablen haben bei gleicher Richtung gleiches Vorzeichen.

Abschnitt 2.6 enthält bereits anschließend an (2/7) bis (2/9) eine summarische Auswertung und Diskussion von (7/1) hinsichtlich der Strombeeinflussung, der Löschzeit und einer Voraussetzung für die Löschung des Lichtbogens. Wenigstens bei Annäherung des Stromes an Null muß sein

$$U_a > U_c \, . \tag{7/2}$$

Letztere Aussage läßt sich auch physikalisch begründen. Nach Abschnitt 6.2 erlischt eine Gasentladung, wenn ihre Leistungsbilanz dauernd negativ wird.

Dies ist bei einem Ausschaltlichtbogen dann der Fall, wenn sein Leistungsbedarf größer als die hierbei auftretende Leistung des Stromkreises ist, also

$$I^2 R_a = U_a I > U_c I \,. \tag{7/2a}$$

Durch Division mit I erhält man in der Tat (7/2).

Höhe und zeitlicher Verlauf der Lichtbogenspannung können sehr unterschiedlich sein. Einerseits ist

$$U_a = I R_a \,, \tag{7/3}$$

andererseits hängt R_a von einer Reihe anderer Faktoren ab, so daß diesbezüglich auf die Abschnitte 6.7 und 6.8 hingewiesen wird. Meistens entsteht bei größeren Überströmen I/I_N eine höhere Lichtbogenspannung.

Aus den Spannungsgleichungen (7/1, 2) geht nichts über den eigentlichen Mechanismus des Ausschaltvorganges hervor. Er kann nur aus der Physik der wandstabilisierten Gasentladungen abgelietet werden. Nach Abschnitt 6.2 ist allen Ausschaltvorgängen eine mit sehr unterschiedlicher Zeitkonstante abklingende Restleitfähigkeit gemeinsam. Daher kann der Verlauf der Entladungsspannung erhebliche Unterschiede annehmen, so daß die wichtigsten Fälle getrennt betrachtet werden müssen.

Besondere Vorgänge bei konstanter Spannung, insbesondere Gleichspannung

Einzelner Strompfad. Um einen Überstrom mittels eines Lichtbogens in Sand auszuschalten, muß eine ausreichende positive Differenz $U_a - U_c$ nicht nur sobald wie möglich entstehen, sondern auch bis zum Erlöschen der Entladung aufrechterhalten werden. Wegen (7/3) ist die Lichtbogenspannung u. a. dem Strom proportional, der aber seinerseits auf null abnehmen soll. Sie behält also die erforderliche Höhe nur dann, wenn der Lichtbogenwiderstand entsprechend zunimmt.

Unmittelbar nach einem ggf. mittels Querschnittsschwächung lokalisierten primären Zerfall ist der Widerstand des Lichtbogens gemäß Abschnitt 6.7 durch die Abmessungen der zerfallenen Schmelzleiterteile bestimmt, und die dabei auftretende Lichtbogenspannung ist proportional zur Höhe des Stromes bei Unterbrechen. Auch entspricht einem höheren Strom eine höhere Druckspitze im Lichtbogenkanal (Abschnitt 6.5). Da nun der längenbezogene Widerstand des Entladungskanals infolge Erweiterung seines Querschnittes und Abklingen des Druckes zurückgeht (Abschnitt 6.7), muß dies bei der Bemessung der Schmelzleiter berücksichtigt werden.

Erhöht man vorsorglich den Anfangswert der Lichtbogenspannung, etwa durch Wahl einer längeren primär zerfallenden Strecke verkleinerten Querschnittes, so kann das Ausschalten höherer Überströme leicht unzulässig hohe

Schaltspannungen hervorrufen. Letzteres läßt sich vermeiden, wenn man die primär zerfallenden Strecken verkürzt und eine Verlängerung der Lichtbögen durch zusätzlichen Elektrodenabbrand vorsieht. Um einen genügend schnellen Anstieg der Gesamtspannung an der Sicherung zu erreichen, sind in der Regel mehrere solcher kurzer Zerfallstrecken in Reihe nötig, deren Anzahl auf die Nennspannung abzustimmen ist [7/1]. Die Addition ihrer Wirkungen auf das Wachstum der Gesamtlänge des Lichtbogens hört selbstverständlich da auf, wo die einzelnen Lichtbögen sich vereinigen.

Zerfallstrecken in Reihe können jedoch nur so weit eine gemeinsame Wirkung entfalten, wie ihre Schmelzzeitimpulse um nicht mehr als etwa $\pm 20\%$ streuen, also nur bei wenigstens annähernd adiabatischem Abschmelzen.

Gegen Ende der Lichtbogenzeit ist oftmals eine weitere Steigerung der Lichtbogenspannung erwünscht. Hierzu können Schmelzleiterprofile mit gesteigertem Verhältnis Umfang: Querschnitt beitragen, bei denen die Wärmeleistung aus dem Lichtbogenkanal stärker in den Sand abgeleitet wird. Dadurch entstehen niedrigere Plasmatemperaturen und höhere Lichtbogenspannungen.

Insbesondere bei einfachen Gleichstromlichtbögen in Sand entsteht häufig ein relativ längere Zeit andauernder Zustand kleinen Stromes mit einer Lichtbogenspannung wenig unter der Quellenspannung, bis die Leistungsbilanz negativ wird. Der stromschwache Lichtbogen schlägt dann in eine Glimmentladung erhöhten und schneller wachsenden Widerstandes um, an dem die Induktivität des Stromkreises eine kurzdauernde mäßige Überspannung erzeugt. Dadurch wird die Bedingung (7/2) erfüllt. Die Form der Entladung kann auch einige Zeit zwischen Bogen- und Glimmentladung schwanken, wobei die Entladungsspannung entsprechend unruhig wird.

Zur Löschung von Lichtbögen, die sich durch Elektrodenabbrand verlängern, werden daher erfahrungsgemäß bei kleinerem Überstromverhältnis größere Lichtbogenlängen benötigt als bei größerem Überstromverhältnis, gleiche Quellenspannung vorausgesetzt. Die erforderlichen Längen wachsen überproportional zur Quellenspannung (Abschnitt 6.7).

Parallele Strompfade in Sicherungseinsätzen. Besonders in Sicherungseinsätzen höheren Nennstromes werden parallele, voneinander getrennte Strompfade verwendet, an denen sich jeweils eigene Lichtbögen entwickeln. Da für Lichtbögen im Sand keine stationäre $U(I)$-Charakteristik aufgestellt werden kann (Abschnitt 6.2), muß bei Betrachtungen über das Verhalten paralleler Pfade davon ausgegangen werden, daß nach Abschnitt 6.7 die Lichtbogenspannung außer vom Strom und der Lichtbogenlänge u. a. auch vom Querschnitt des Schmelzleiters, vom Profilkoeffizienten und von der vorangegangenen Dauer des Lichtbogens abhängt. Daher besteht die größte Aussicht auf gleiche und gleichbleibende Stromanteile während der Lichtbogenzeit nur bei vollkommen gleicher Ausbildung und gleicher geometrischer Verteilung der parallelen Strompfade. Innerhalb kleinerer Zeitspannen, etwa im Geltungsbereich von (6/7), stimmen die praktischen Erfahrungen im wesentlichen mit diesen Erwartungen überein.

Dagegen können sich nach längerer Dauer die einzelnen Lichtbögen unterschiedlich entwickeln, insbesondere bei kleinem Überstromverhältnis. Die Betrachtung kann etwa von der Annahme ausgehen, daß parallele Lichtbögen unter gleichen Verhältnissen bis zu einem beliebigen Zeitpunkt noch gleiche Stromanteile, gleiche Länge und gleichen mittleren spezifischen Widerstand $\bar{\varrho}$ nach Bild 6/5 haben. Bei zufälliger Ungleichheit einer der Variablen entstehen in einem Teil der Pfade höhere Stromanteile, durch die sich $\bar{\varrho}$ allmählich relativ verkleinert. Dadurch verstärkt sich die Ungleichheit der Ströme usw., und der Gesamtstrom beginnt sich auf einen Teil der Pfade zu konzentrieren. Höhere Ströme ergeben nach (6/12) bei bestimmter Lichtbogenlänge eine relativ niedrigere Lichtbogenspannung. Die stromschwächeren Lichtbögen erlöschen dadurch vorzeitig, und die stromstärkeren benötigen zur Löschung eine größere Länge als ein entsprechender Lichtbogen an einem einzelnen Strompfad. Diese theoretischen Vorstellungen werden durch praktische Erfahrungen bestätigt.

Besondere Vorgänge bei Wechselspannung

Bei Wechselspannung ergeben sich Besonderheiten durch wechselnde Höhe und Richtung der Quellenspannung, durch die Phasenverschiebung des Stromes und durch die Betriebsfrequenz.

Beginnt ein bestimmter Lichtbogen im Bereich des Scheitelwertes der Quellenspannung, so ist der Überschuß der Lichtbogenspannung kleiner als bei Gleichspannung oder er entsteht erst später. In solchen Fällen wird das Ausschalten verzögert. Im Gegensatz dazu begünstigt ein Lichtbogenbeginn bei abnehmender Quellenspannung das Ausschalten. Allerdings muß der Spannungsüberschuß genügend früh einsetzen und ausreichend hoch sein, so daß der Strom den Wert Null noch bei kleinen Werten der Quellenspannung erreicht. Geschieht dies nicht früh genug, so kann der Strom während des Lichtbogens die Richtung wechseln und dauert bei steigender Quellenspannung weiter an bis zum Eintritt günstigerer Ausschaltbedingungen.

Bei einem solchen durch den Stromkreis aufgezwungenen Wechsel der Stromrichtung ändert sich gleichzeitig das Vorzeichen der Lichtbogenspannung. Der Wechsel geschieht meistens in der Form eines wegen des relativ hohen Reststromes aperiodisch gedämpften Einschwingvorganges, dessen Eigenfrequenz erheblich höher als die Betriebsfrequenz des Stromkreises ist. Während dieser kurzen Zeitspanne ist die Leistungsbilanz der Entladung negativ und der Widerstand der Entladungsbahn steigt, so daß es sich im wesentlichen um das Wiederzünden eines Lichtbogens handelt, dessen Zündspannung mäßig über seiner Brennspannung liegt.

Nach Abschnitt 6.2 nimmt die Restleitfähigkeit im Lichtbogenkanal nur relativ langsam ab. Daher kann es auch nach einer bis zu mehreren

Millisekunden dauernden lichtbogenfreien Pause vorkommen, daß die betriebsfrequente Spannung eine positive Leistungsbilanz erzeugt und so einen neuen Lichtbogen entstehen läßt. Ein solcher Vorgang wird als Rückzündung bezeichnet. Ist eine hohe längenbezogene Energie in der Wand eines Lichtbogenkanals gespeichert, so können sich Wiederzündungen und Rückzündungen mehrfach wiederholen. Das Risiko steigt bei kleinerem Verhältnis U_a/U_c und bei größerer Phasenverschiebung des unbeeinflußten Stromes.

Da bei sinusförmigem Verlauf die wiederkehrende Spannung für die Dauer je einer Viertelperiode abwechselnd größer oder kleiner als der Effektivwert ist, wirkt sich auch die Betriebsfrequenz aus. Mit abnehmender Frequenz wächst im Durchschnitt die Zeitspanne bis zum Nullwert des Stromes, wobei sich längere und stärkere Sinterkörper bilden. Wegen der gleichfalls längeren Dauer kleinerer Werte der Betriebsspannung geht aber auch die Restleitfähigkeit stärker zurück und die Wahrscheinlichkeit erneuter Zündung des Lichtbogens sinkt. Umgekehrt steigt die Wahrscheinlichkeit mit wachsender Betriebsfrequenz. Ab einigen 100 Hz sind zur Löschung Lichtbogenspannungen praktisch in der Höhe des Scheitelwertes der wiederkehrenden Betriebsspannung erforderlich.

Für anderen Spannungsverlauf, etwa für pulsierende Gleichspannung, lassen sich die speziellen Verhältnisse im allgemeinen nach den vorstehenden Gesichtspunkten berücksichtigen.

Bei parallel brennenden Wechselstromlichtbögen sind ähnliche Effekte wie bei Gleichspannung zu erwarten.

7.3 Stromverlauf und Stromimpuls während der Lichtbogenzeit

Stromverlauf

Die aus der Spannungsgleichung (7/1) abgeleitete und summarisch diskutierte Beeinflussung des Stromes beträgt nach (2/9)

$$\frac{\mathrm{d}I}{dt} = \frac{U_c - IR_c - U_a}{L_c}. \tag{7/4}$$

Für $U_c > U_a + IR_c$ ergibt sich eine Zunahme, für $U_c = U_a + IR_c$ keine Änderung und für $U_c < U_a + IR_c$ eine Abnahme. Die Geschwindigkeit einer Änderung ist umgekehrt proportional zur Induktivität des Stromkreises. Wenn Sicherungen vor dem Höchstwert des Stromes unterbrechen und durch eine ausreichend hohe Lichtbogenspannung den Stromverlauf erheblich beeinflussen, bezeichnet man diesen Vorgang als Strombegrenzung und den noch entstehenden Stromhöchstwert als Durchlaßstrom. Dieser ist nicht ohne weiteres gleich dem Stromwert bei Unterbrechen, nähert sich ihm aber um so mehr, je schneller die Lichtbogenspannung den Höchstwert $\hat{U}_c$ der stationären wiederkehrenden Spannung erreicht. Weitere allgemein gültige Aussagen sind nicht möglich, da der Verlauf der Lichtbogenspannung u. a. von der Form des Schmelzleiters abhängt. Betrachtungen über den Stromverlauf aufgrund einer Integration von (7/4) werden in der Literatur gelegentlich als „Geometrie der Lichtbogenlöschung“ bezeichnet. Ältere Ergebnisse sind in [1/3] wiedergegeben. [7/2] berücksichtigt den praktisch oft auftretenden dreieckförmigen Stromverlauf. Verfolgt man den Stromverlauf bis zum Wert Null, so erhält man die Lichtbogenzeit unter der Annahme, daß der Lichtbogen nicht erneut zündet.

Wenn ein bestimmtes Verhältnis Lichtbogenzeit:Schmelzzeit angestrebt wird, läßt sich nach Abschnitt 2.6 (2/10—15) bzw. Bild 2/6 unter summarischen Annahmen über U_c und U_a das notwendige Verhältnis der Mittelwerte von Lichtbogenspannung und Quellenspannung ermitteln.

Lichtbogenimpuls und Selektivität

Aus dem Stromverlauf während der Lichtbogenzeit kann ein zum Schmelzimpuls nach (5/3) analoges Integral

$$K_a = \int_{t_m}^{t_a} I^2 \, dt \tag{7/5}$$

gebildet werden, das zweckmäßig als Lichtbogenimpuls bezeichnet wird. Es hängt naturgemäß von den gleichen Parametern ab wie die Ausgangsfunktion dI/dt nach (7/4). Die Summe

$$\Delta K_m + K_a = \int_0^{t_a} I^2 \, dt \tag{7/6}$$

ist der Ausschaltimpuls. Wenn zwei Sicherungseinsätze in Reihe von demselben Strom durchflossen werden, so kann nur derjenige selektiv ausschalten, d. h. ohne daß der andere ebenfalls unterbricht, dessen Ausschaltimpuls kleiner als der Schmelzimpuls des anderen ist.

7.4 Ausschaltarbeit

Als Ausschaltarbeit bezeichnet man die aus dem Stromkreis stammende elektrische Energie, die sich im Ausschaltlichtbogen in Wärme umsetzt.

Erfahrungsgemäß ist das angestrebte obere Schaltvermögen von Sicherungen oft nur dadurch zu erreichen, daß man die Ausschaltarbeit durch besondere Formgebung des Schmelzleiters klein genug hält. Es handelt sich also um ein Problem von erheblicher praktischer Bedeutung. Die wesentlichen Ergebnisse sollen hier anhand von Näherungsrechnungen herausgestellt werden.

Allgemeines

Für die Ausschaltarbeit W_a gilt

$$W_a = \int_{t_m}^{t_a} U_a I \, dt = W_m + W_c - \Delta W_c . \tag{7/7}$$

Hierbei ist

$$W_m = \frac{1}{2} L_c I_m^2 \tag{7/8}$$

die bei dem Stromwert I_m im Zeitpunkt des Unterbrechens in der Induktivität L_c des Stromkreises gespeicherte potentielle Energie,

$$W_c = \int_{t_m}^{t_a} U_c I \, dt \tag{7/9}$$

die während der Lichtbogenzeit weiterhin von der Spannungsquelle gelieferte Energie. ΔW_c ist der während der Lichtbogenzeit im Widerstand des übrigen Stromkreises entstehende Energieumsatz. Er ist in den hier interessierenden Fällen zu vernachlässigen.

Für die Näherungsrechnung genügt es, bei W_c eine lineare Abnahme des Stromes von I_m auf null und eine mittlere Quellenspannung $\overline{U}_c$ anzunehmen, so daß

$$W_c \approx \frac{1}{2} \overline{U}_c I_m t_a . \tag{7/10}$$

Mit t_a nach (2/13) wird

$$W_c \approx \frac{1}{2} L_c I_m^2 \frac{\overline{U}_c}{\overline{U}_a - \overline{U}_c} \tag{7/11}$$

und mit (2/14) erhält man

$$W_a \approx W_m + W_c = \frac{1}{2} L_c I_m^2 \left(1 + \frac{t_a}{t_m}\right) = W_m \left(1 + \frac{t_a}{t_m}\right). \tag{7/12}$$

Die Ausschaltarbeit ist also mindestens gleich der potentiellen elektromagnetischen Energie W_m nach (7/8). Sie erhöht sich entsprechend dem Verhältnis Lichtbogenzeit : Schmelzzeit. Allgemeine theoretische Aussagen können sich aber nur auf den Anteil W_m stützen. Dabei müssen Gleichstrom und Wechselstrom getrennt betrachtet werden.

Potentielle Energie des Stromkreises bei Gleichstrom

Nach Abschnitt 5.5 unterbricht eine Sicherung kleinere Ströme bei $I_{m1} = I_p$, größere Ströme bei $I_{m2} \to (3\Delta K\, I_p/\tau)^{1/3}$, und der Schwellenwert nach (5/10a) ist $I_p^* = (3\Delta K_m/\tau)^{1/2}$. Für die potentielle Energie ergeben sich hieraus mit den gleichen Indizes

$$W_{m1} = \frac{1}{2} L I_p^2 \tag{7/13}$$

und

$$W_{m2} = \frac{1}{2} L I_{m2}^2 \to \frac{1}{2} L (3\,\Delta K_m\, I_p/\tau)^{2/3}\,. \tag{7/14}$$

Da L und τ voneinander abhängen, werden die Aussagen übersichtlicher, wenn in (7/14) einmal L, ein anderes mal τ eliminiert und jeweils die andere Größe als variabel angenommen wird. Für $L = \tau U/I_p$ wird

$$W_{m2}(\tau) \to \frac{1}{2}\, \tau^{1/3} U I_p^{-1/3} (3\,\Delta K_m)^{2/3}\,, \tag{7/15}$$

für $\tau = L I_p/U$ aber

$$W_{m2}(L) \to \frac{1}{2}\, L^{1/3} U^{2/3} (3\,\Delta K_m)^{2/3}\,. \tag{7/16}$$

Da $W_{m1}(\tau)$ und $W_{m1}(L)$ mit dem Quadrat von I_p steigen, $W_{m2}(\tau)$ aber mit der 3. Wurzel von I_p fällt, so hat $W_m(\tau)$ im Übergangsbereich beider Teilfunktionen ein Maximum nahe bei dem Schwellenwert nach (5/9)

$$I_p^*(\tau) \approx (3\,\Delta K_m/\tau)^{1/2}\,. \tag{7/17}$$

Über die Höhe des Maximums erlaubt die hier benutzte Näherungsrechnung nur die Aussage, daß es $\leqq W_{m1}$ nach (7/13) für $I_p = I_p^*$ ist. Dagegen steigt $W_{m2}(L)$ oberhalb des gleichen Schwellenwertes nach (7/14) ohne Maximum mit der 3. Wurzel von L.

In [5/6] wird eine Methode für exakte Berechnungen mit Hilfe universeller Hilfsfunktionen angegeben. Es wird auf die in [1/3] mitgeteilten Ergebnisse verwiesen. Siehe auch die Schlußbemerkung zum Abschnitt „Unterbrechen bei Gleichstrom“, auf S. 53.

Potentielle Energie des Stromkreises bei Wechselstrom

Hier interessiert insbesondere der bei kleinem Leistungsfaktor mögliche Größtwert von W_m. Geschieht die Unterbrechung mit einem Stoßfaktor $\varkappa$ bei einem Effektivstrom I_p noch im ersten Scheitelwert, so ist dieser

$$I_{m1} = \varkappa \sqrt{2}\, I_p\,. \tag{7/18}$$

Die Bedeutung der Indizes m1, m2 sei die gleiche wie in dem vorangehenden Abschnitt. Nun ist für kleinen Leistungsfaktor

$$L \approx U_{\text{eff}}/\omega I_{\text{p}}\,, \tag{7/19}$$

und (7/8) wird mit (7/18), (7/19)

$$W_{\text{m}1} = \varkappa^2 L I_{\text{p}}^2 = \varkappa^2 U_{\text{eff}} \omega^{-1}\,. \tag{7/20}$$

Andererseits wird (7/8) mit (5/16)

$$W_{\text{m}2} \approx U_{\text{eff}} \omega^{-1} \left(\frac{3}{2}\, \omega\, \Delta K_{\text{m}} \right)^{2/3} I_{\text{p}}^{-1/3}\,. \tag{7/21}$$

Für bestimmte Werte von U/ω und $\varkappa$ wächst also $W_{\text{m}1}$ proportional zu wachsendem I_{p}. $W_{\text{m}2}$ fällt jedoch für $I_{\text{p}} \to \infty$ proportional zu $I_{\text{p}}^{-1/3}$. Die Funktion $W_{\text{m}}(I_{\text{p}})$ hat daher, analog zu der entsprechenden Funktion $W_{\text{m}}(\tau)$ bei Gleichstrom, ein Maximum

$$W_{\text{m}}^* \approx U_{\text{eff}} \omega^{-1} \left(\frac{3}{2}\, \omega\, \Delta K_{\text{m}}\, \varkappa \right)^{1/2}. \tag{7/22}$$

Nach (5/17) stimmt ihr Argument

$$I_{\text{p}}^* \approx \left(\frac{3}{2}\, \omega\, \Delta K_{\text{m}} \right)^{1/2} \varkappa^{-3/2} \tag{7/23}$$

für $\varkappa = 1$ mit dem Schwellenwert nach Abschnitt 5.5 überein. W_{m}^* und I_{p}^* sind durch die Parameter ω und $\varkappa$ abhängig von Frequenz und Leistungsfaktor. So weit die Näherungsrechnung.

Für allgemein anwendbare Aussagen wird in [5/5] der Effektivwert des symmetrischen Wechselstromes benutzt, der in einer halben Periode eine adiabatische Unterbrechung bewirken würde (5/4). Er wird mit $I_{\text{T}/2}$ bezeichnet und dient bei der Bezeichnung der Parameter als Bezugsgröße. Die unter den Annahmen f = const und ΔK = const für einen typischen Phasenwinkel, hier $\cos\varphi = 0{,}2$, berechneten Diagramme zeigen in ggf. bezogener Form $W_{\text{m}}/2U_{\text{eff}} I_{\text{T}/2}$, t_{m}, $I_{\text{m}}/\sqrt{2}\, I_{\text{T}/2}$ und die Quellenspannung $U_{\text{c}}/\sqrt{2}\, U_{\text{eff}}$ im Zeitpunkt des Unterbrechens, alle als Funktionen des Einschaltwinkels. Sie sind hier als Bilder 7/1 bis 7/4 wiedergegeben. Ein weiteres Diagramm (hier Bild 5/7a, b) enthält die jeweils möglichen Höchstwerte $I_{\text{m}}/\sqrt{2}\, I_{\text{p}}$ für 50 Hz als Funktion einer universellen Hilfsgröße, siehe Abschnitt 5.5.

Für strombegrenzende Sicherungen ist als Ergebnis festzustellen: Der im Zeitpunkt des Lichtbogenbeginns im Stromkreis gespeicherte Anteil der Aus-

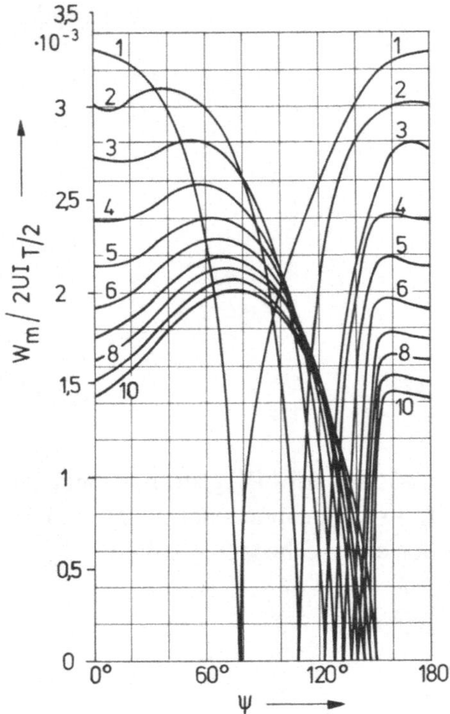

Bild 7/1. Bezogene Werte der elektromagnetischen Energie des Stromkreises $W_m/2UI_{T/2}$ im Zeitpunkt des Unterbrechens als Funktion des Einschaltwinkels ψ. Parameter: Vielfaches von $I_{T/2}$ [5/5]

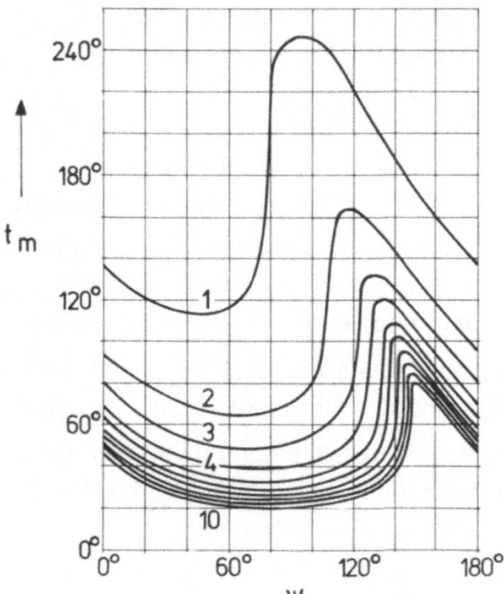

Bild 7/2. Schmelzzeit t_m als Funktion des Einschaltwinkels ψ bei $\cos \varphi = 0{,}2$. Parameter: Vielfaches von $I_{T/2}$ [5/5]

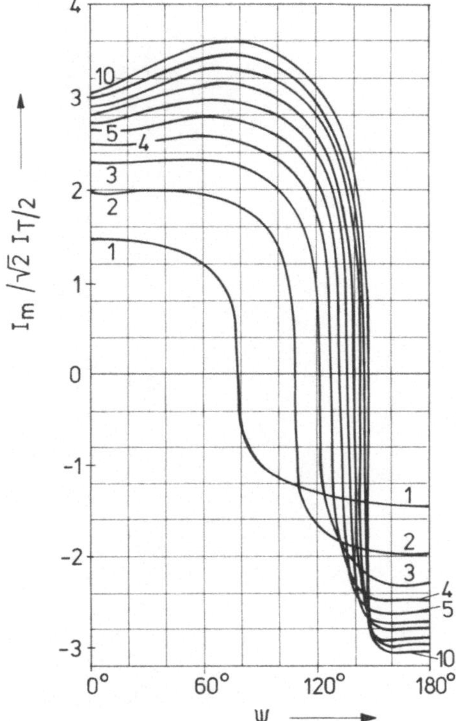

Bild 7/3. Bezogene Werte des Stromes $I_m/\sqrt{2}\,I_{T/2}$ im Zeitpunkt des Unterbrechens als Funktion des Einschaltwinkels ψ. Parameter: Vielfaches von $I_{T/2}$ [5/5]

schaltarbeit hat bei jedem prospektiven Strom ein relatives Maximum bei $\cos\varphi \to 0$ und dem Einschaltwinkel ψ, der zu dem jeweils größten Strom bei Unterbrechen führt. Bei einem prospektiven Strom wenig unterhalb des Schwellenwertes nach Abschnitt 5.5 entsteht ein absolutes Maximum bei $\psi \approx 0°$.

Die vorstehenden theoretischen Betrachtungen sind von Bedeutung für Prüfungen des Ausschaltvermögens und für die Beurteilung von Prüfergebnissen.

7.5 Auswirkungen von Ausschaltvorgängen bei Verwendung von Sicherungen im Netzbetrieb

Auswirkung von Streuungen der Zeit-Strom-Eigenschaften

Auch bei sorgfältiger Fertigung eines bestimmten Typs von Sicherungseinsätzen ist ein Streubereich der $t(I)$-Kennlinie von $\pm 5\,\%$ der Belastungsströme für bestimmte Schmelzzeiten kaum zu unterschreiten (Abschnitt 9.4). Die Normen lassen indirekt das Zweifache hiervon zu. Die entsprechenden Streuungen der Schmelzzeiten für bestimmte Belastungsströme betragen im

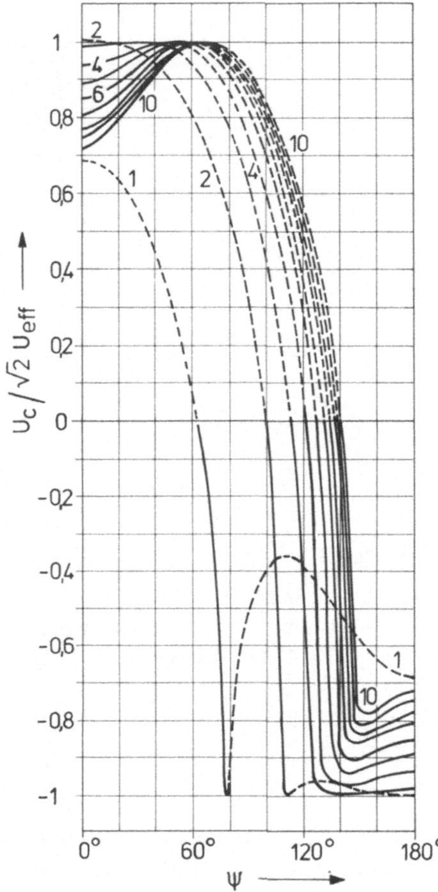

Bild 7/4. Bezogene Werte der Spannung des Stromkreises $U_c/\sqrt{2}\,U_{eff}$ im Zeitpunkt des Unterbrechens als Funktion des Einschaltwinkels ψ. Parameter: Vielfaches von $I_{T/2}$ [5/5]

Bereich adiabatischer Schmelzzeiten jeweils das Doppelte der auf den Strom bezogenen Streuungen, wachsen aber bei abnehmendem Überstromverhältnis I_p/I_N entsprechend der zunehmenden Steilheit der $t(I)$-Kennlinie $\rightarrow \infty$. Die Lichtbogenzeiten wachsen jedoch erheblich langsamer.

Es ist nun manchmal erwünscht, durch Reihenschaltung etwa von zwei gleichen Sicherungseinsätzen eine gemeinsame erhöhte Lichtbogenspannung zu erzeugen, um dadurch etwa das Schaltvermögen zu erhöhen oder die Lichtbogenzeit zu verkürzen. Diese Effekte entstehen jedoch nur unvollständig oder gar nicht, wenn der Lichtbogen in einem der Sicherungseinsätze infolge Streuung der Schmelzzeiten nicht rechtzeitig beginnt, etwa nach mehr als 50% der normalen Lichtbogenzeit der zuerst schmelzenden Sicherung. Die bewußte Anwendung einer Reihenschaltung erfordert daher eine genaue Überprüfung und ist in jedem Fall nur für den Bereich annähernd adiabatischer Schmelzzeiten zulässig.

Sicherungen in mehrpoligen Stromkreisen

Typische Ausschaltvorgänge in mehrpoligen Stromkreisen sind ein zweipoliger Überlaststrom oder Kurzschlußstrom, ein dreipoliger symmetrischer Überstrom und ein dreipoliger Kurzschlußstrom mit Ausschaltzeiten $< 180°$ el.

Bei zweipoligen Vorgängen verhalten sich die betreffenden Sicherungen wie in einer Reihenschaltung (s. oben). Bei dreipoligen symmetrischen Überströmen wird wegen der beschriebenen Streuungen der Schmelzzeiten einer der Sicherungseinsätze zuerst unterbrechen und ausschalten. Hieran schließt sich ein zweipoliger Überstrom wie vorstehend an, und mit abnehmendem Überstromverhältnis steigt wieder die Wahrscheinlichkeit, daß einer der Sicherungseinsätze nicht unterbricht.

Bei dreipoligen Kurzschlüssen sind die von den Sicherungseinsätzen verursachten Zeitstreuungen am kleinsten. Es muß aber auch im Fall symmetrischer Effektivwerte der Stromverlauf beachtet werden. Nimmt man an, daß die Ströme in den drei Leitern gleichzeitig entstehen, so unterscheiden sich die Einschaltwinkel um je 120° el. In einer der Sicherungen wird der Schmelzimpuls zuerst erreicht und meistens auch die Ausschaltung zuerst beendet. Es verbleibt ein zweipoliger Kurzschluß. Wegen der verschiedenen Einschaltwinkel war aber eine der jetzt den gleichen Strom führenden Sicherungen vorher durch einen stärkeren Stromimpuls als die andere beansprucht worden und schaltet ggf. ohne deren Mitwirkung allein aus. In der Tat ist bei dreipoligen Schaltversuchen oft zu beobachten, daß einer von drei gleichen Sicherungseinsätzen nicht unterbricht. Der als zweiter ausschaltende Sicherungseinsatz hatte also allein gegen die volle Dreieckspannung auszuschalten.

Aus dem Vorstehenden ergibt sich, daß auch Sicherungseinsätze für Dreiphasennetze einpolig ein Ausschaltvermögen entsprechend der Betriebsspannung des Netzes haben müssen, das durch Prüfungen nachzuweisen ist.

7.6 Literatur

7/1. Johann, H.: Die Lenkung des Schaltvorganges in Hochspannungs-Sicherungen mit körnigem Löschmittel. VDE-Fachber. 18 (1954) 34–38

7/2. Lipski, T.; Zimny, P.: Ein Beitrag zur Berechnung des Jouleschen Lichtbogenintegrals und der Ausschaltzeit von strombegrenzenden Schmelzsicherungen. Elektrotech. u. Masch.-Bau 89 (1972) 461–464

8 Kontaktstellen

8.1 Allgemeines

Bei Sicherungen werden die allgemeinen Probleme ruhender Kontaktstellen dadurch verschärft, daß extrem lange Einschaltdauern in Verbindung mit relativ hohen Übertemperaturen auftreten können. Diese entstehen nicht nur durch die an den Kontaktstellen selbst auftretende Verlustleistung, sondern auch durch die Verlustleistung der Sicherungseinsätze.

Bei NH-Sicherungen haben sich wegen der Höhe der Kontaktströme nur die folgenden Prinzipien bewährt:

a) Kontaktgabe durch Anschrauben. Der Stromübergang erfolgt zwischen meist ebenen Flächen von praktisch starren Teilen beider Kontaktpartner, und die Kontaktkräfte werden mittels praktisch nicht stromführender Verschraubungselemente erzeugt.

b) Kontaktgabe durch Einstecken der Sicherungseinsätze in besondere Unterteile. Der Stromübergang erfolgt zwischen starren Kontaktstücken des einen und nachgebenden Kontaktstücken des anderen Kontaktpartners. Die Kontaktkräfte können nur bei kleinen Nennströmen mittels Eigenfederung elastischer Kontaktstücke erzeugt werden. Zweckmäßiger und allgemein anwendbar sind zusätzliche nicht stromführende Federn, die durch den Einsteckvorgang auf die erforderliche Kraft gespannt werden.

Bei Kontaktgabe nach a) sind zwar die Kontaktflächen nicht dem Verschleiß ausgesetzt, und es läßt sich mit geringem konstruktiven Aufwand eine gute Kontaktgabe erreichen. Ihre Güte und Beständigkeit hängen jedoch vom Anzugsmoment der Verschraubung ab. Bei Kontaktgabe nach b) ist die Kontaktkraft zwangsläufig durch die gegenseitige Lage der Kontaktpartner gegeben. Die Bedienung benötigt eine kürzere Zeit und kann mittels einfacher Zusatzteile auch unter Spannung erfolgen. Ausreichend kleine Kontaktwiderstände lassen sich auch hier nur durch entsprechend hohe Kontaktkräfte erreichen. Deren Höhe wird jedoch durch die bei der Bestätigung zu überwindenden Reibungskräfte begrenzt, und der durch Reibung hervorgerufene Verschleiß darf die notwendige Lebensdauer der Kontaktstellen nicht gefährden. Diese Probleme verlangen eine sorgfältige Konstruktion.

8.2 Der Kontaktwiderstand

Kontaktwiderstände streuen relativ stark und dürfen daher nur einen kleinen Bruchteil des Gesamtwiderstandes der Sicherung haben, damit u. a. deren Verlustleistung und Abschmelzverhalten nicht unzulässig beeinflußt werden.

Eine ausführliche Behandlung auch von Kontaktwiderständen findet man in [8/1]. [3/17] enthält in kürzerer Darstellung die für Starkstromschaltgeräte wichtigen Erkenntnisse und soll einer Übersicht der bei Sicherungen auftretenden Probleme und Anforderungen zugrunde gelegt werden.

Es ist üblich, je nach Art des Berührungsmechanismus zwischen Punktkontakt und Flächenkontakt zu unterscheiden. Bei ersterem wird ein Stromübergang über die kleinste Fläche angenommen, die sich aufgrund der Kontaktkraft und der Härte des Materials der Kontaktstücke ausbildet. Mit Flächenkontakt bezeichnet man die Möglichkeit eines Stromüberganges im Bereich einer beliebig größeren Fläche, innerhalb deren sich aufgrund von Elastizität oder Härte und der zufälligen Rauhigkeit der Kontaktpartner eine mit der Kontaktkraft wachsende Zahl von Punktkontakten entwickelt.

Punktkontakt

Für den hier interessierenden Bereich der Kontaktkräfte, etwa 10^1 N bis 10^4 N, entsprechend 10^0 kp bis 10^3 kp, läßt sich der Widerstand R_{KP} eines einzelnen Punktkontaktes zwischen metallisch sauberen Oberflächen theoretisch ableiten. Er schließt die beiderseitigen räumlichen Einschnürungswiderstände mit ein, ist jedoch überwiegend im Bereich der Stromenge konzentriert. Es kommt daher auf den bei Betriebstemperatur ϑ in der eigentlich kontaktgebenden Oberflächenschicht vorhandenen spezifischen Widerstand ϱ_ϑ an. Dieser ist, wenn ϱ_{20} den Wert von ϱ bei 20 °C und α dessen Temperaturkoeffizient bedeuten, bei $\Delta\vartheta = \vartheta - 20$ °C

$$\varrho_\vartheta \approx \varrho_{20}\left(1 + \frac{2}{3}\,\alpha\,\Delta\vartheta\right). \tag{8/1}$$

Bei Berechnungen ist die zulässige betriebliche Übertemperatur zu berücksichtigen, etwa $\Delta\vartheta = (85 - 20)$ °C $= 65$ K. Daten zur Berechnung siehe Tabelle 8/1.

Die zugeschnittene Größengleichung des Punktkontakt-Widerstandes lautet, wenn H die Härte und F_K die Kontaktkraft bedeuten,

$$\frac{R_{KP}}{\Omega} \approx \frac{\sqrt{\pi}}{2}\,\frac{\varrho_\vartheta}{10^{-6}\,\Omega\text{m}}\left(\frac{H}{10\ \text{Nmm}^{-2}}\right)^{0,5}\left(\frac{F_K}{10\ \text{N}}\right)^{-0,5}. \tag{8/2}$$

Für reines Silber und $F_K \geqq 10$ N nach (8/1) und (8/2) berechnete Werte sind in Bild 8/1 wiedergegeben, ergänzt durch Werte für Kontaktkräfte < 10 N, bei denen die Berührungsfläche durch die Elastizität des Kontaktmaterials bestimmt wird.

Tabelle 8/1. Daten zur Berechnung nach (8/1, 2) und berechnete Relativwerte von Punktkontakt-Widerständen [3/17, 8/1]

Material	ϱ_{20} $10^{-6}\,\Omega$m	α K^{-1}	ϱ_{85} $10^{-6}\,\Omega$m	H 10^1 N mm^{-2}	Relativwerte [b] von Punktkontakt-Widerständen
Silber [a]	0,017	0,004	0,021	40	1,0
Kupfer [a]	0,017	0,004	0,021	75	1,4
Messing [a]	0,07	0,002	0,076	120	6,4
Nickel [a]	0,089	0,006	0,112	100	8,6
Zinn	0,12	0,0045	0,145	4	2,2

[a] hart [b] für F_K = const

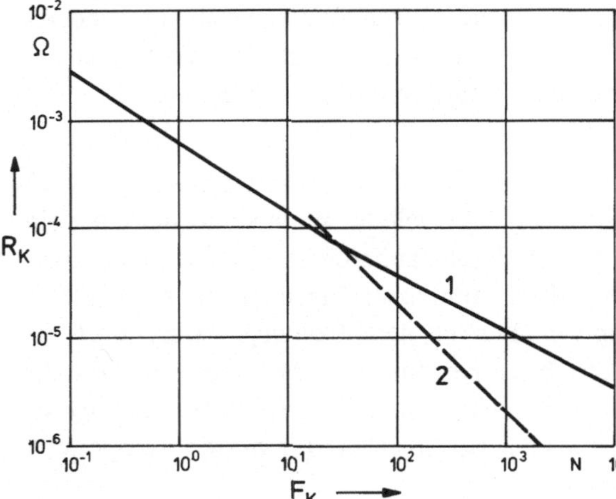

Bild 8/1. Übergangswiderstand R_K einer Kontaktstelle mit metallisch sauberer Berührungsfläche als Funktion der Kontaktkraft F_K. Material: Kupfer, Silber. Temperatur: ≈20 °C. 1 Punktkontakt, 2 Flächenkontakt. Nach [8/1]

Die berechneten Kontaktwiderstände anderer Oberflächenmaterialien sind proportional den in Tabelle 8/1 angegebenen Relativwerten. Praktisch wirkt sich dies aber bei sehr geringer Schichtdicke nicht voll aus.

Galvanisch aufgebrachte Oberflächen aus nicht reinem Material haben oftmals einen höheren spezifischen Widerstand als die Tabellenwerte. Der an sich günstige Kontaktwiderstand von Zinn erhöht sich bereits durch relativ dünne Oxidschichten verhältnismäßig rasch auf den doppelten Wert.

Flächenkontakt

Wegen der sehr vom Zufall abhängigen Verhältnisse läßt sich die Auswirkung der Kontaktkraft F_{KA} auf den Kontaktwiderstand R_{KA} nur durch eine empirische Gleichung ausdrücken, nämlich

$$\frac{R_{KA}}{\Omega} \approx \frac{\varrho_{85}}{10^{-6}\,\Omega\text{m}}\, C \left(\frac{F_{KA}}{10\,\text{N}}\right)^{-\varkappa}. \qquad (8/3)$$

Die Konstanten C und $\varkappa$ sind von der Oberflächenrauhigkeit und von Fremdschichten abhängig. Sie betragen für Kupfer und wahrscheinlich auch Silber $C \approx 50$ bis 200 mit wachsender Rauhigkeit, für Kupfer $\varkappa \approx 0{,}7$ bis 1 mit zunehmender Sauberkeit, für Silber wahrscheinlich $\varkappa \approx 1$.

Erwärmung einer Kontaktfläche

In einem Punktkontakt-Widerstand bewirkt der Stromfluß eine Kontaktspannung $U_K = IR_K$ und eine Wärmeleistung $P_K = U_K^2/R_K$. Gemäß Widerstandsverteilung und Wärmeabfluß wird dadurch die Temperatur eines Punktkontaktes um

$$\Delta\vartheta_K \approx \frac{U_K^2}{8\varrho\lambda} \tag{8/4}$$

höher als die von entfernten Teilen des betreffenden Kontaktstückes. ϱ ist der spezifische Widerstand, λ die Wärmeleitfähigkeit. Es ist dabei gleichgültig, durch welche Werte R_K und I die Kontaktspannung entstanden ist. Da das Produkt $\varrho\lambda$ annähernd unabhängig vom Kontaktmaterial ist, gilt die für Kupfer berechnete Temperaturerhöhung $\Delta\vartheta = f(U_K)$ näherungsweise für Kontaktstellen zwischen beliebigen Materialien (Bild 8/2).

Die Härte von Kupfer geht allerdings oberhalb von 200 °C zurück, auch oxidieren die Kontaktflächen bereits bei niedrigeren Temperaturen. Beide Erscheinungen nehmen mit der Temperatur und der Zeit zu. Auch legiert sich Silber aus Oberflächenschichten bei höheren Temperaturen mit Kupfer unter Erhöhung des spezifischen Widerstandes [8/2]. Bild 8/2 ist auch auf sehr schnell also mit hoher Stromdichte ablaufende Vorgänge anwendbar. Praktisch bewirken Kontaktspannungen $\geqq 0{,}4$ V bei hohen Stromdichten eine Zerstörung der Kontaktflächen durch Schmelzen und Wegquetschen oder Wegschleudern flüssigen Metalls oder durch Schweißen nach Aufhören der Strombelastung. Silberoberflächen oxidieren nicht, können aber abhängig von Druck und Zeit bei Temperaturen erheblich unterhalb des Schmelzpunktes miteinander verschweißen.

8.3 Verschraubte Kontaktstellen

Durch ordnungsgemäßes Anziehen von Kontaktschrauben kann eine so hohe Kontaktkraft erzeugt werden, daß ein Flächenkontakt entsteht. Der Kontaktwiderstand ist auch bei weniger günstigen Materialverhältnissen genügend niedrig und die atmosphärische Korrosion gehemmt, so daß ein gutes betriebliches Verhalten zu erwarten ist. Selbstverständlich müssen die allgemeinen Erfahrungen über Schraubverbindungen beachtet werden. Auch das Verhalten bei Durchgang hoher Stromstöße bietet keine Probleme, weil keine extremen Stromdichten entstehen und die Kontaktkraft praktisch nicht durch elektrodynamische Wirkungen beeinträchtigt werden kann.

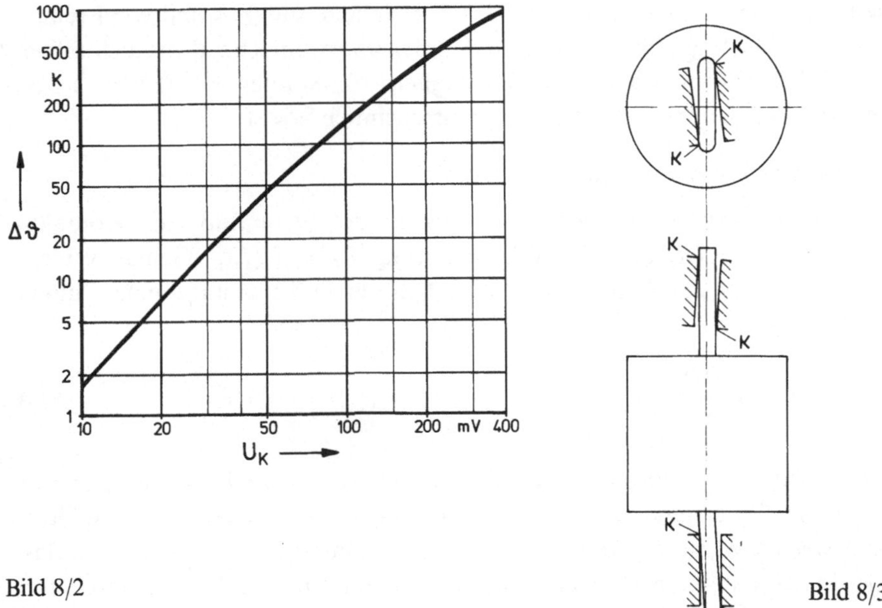

Bild 8/2. Erhöhung $\Delta\vartheta$ der Temperatur der kontaktgebenden Fläche nach (8/4) als Funktion der Kontaktspannung $U_K = IR_K$

Bild 8/3. Beispiel für Einfluß von Fertigungstoleranzen auf die Kontaktgabe. *K* wirkliche Kontaktpunkte (schematisch)

8.4 Gefederte Kontaktstellen

Die Betriebslage von Sicherungseinsätzen kann nur dann durch einfaches Einstecken in ortsfeste Kontaktvorrichtungen hergestellt und durch Herausziehen aufgehoben werden, wenn einer der Kontaktpartner gefedert und so geformt ist, daß gleichzeitig mit dem Einstecken die Federung bis zu der vorgesehenen Kontaktkraft gespannt wird. Es hat sich als zweckmäßig erwiesen, die federnden Kontaktteile ortsfest anzuordnen und die Federung mittels starrer Kontaktstücke des Sicherungseinsatzes zu spannen.

Bei der Wahl des Kontaktsystems sind einige elektrische Gesichtspunkte zu beachten. An jedem einzeln federnden Teil eines Kontaktstückes entsteht wegen unvermeidlicher Fertigungstoleranzen meist nur an einer Stelle ein Punktkontakt, vgl. Bild 8/3. Eine Berechnung von Kontaktwiderständen muß von dieser Voraussetzung ausgehen. Meist sind durch entsprechende konstruktive Ausbildung zwei oder mehr Kontaktstellen einander parallelgeschaltet. Um die Folgen zu übersehen, sei etwa angenommen, daß in einem Fall die Summe aller Kontaktkräfte ΣF_K auf nur eine Kontaktstelle wirkt und dort einen Widerstand R_1 erzeugt, in einem anderen Fall sich gleichmäßig auf n Kontaktstellen verteilt. Dann betragen die einzelnen Kräfte $\frac{1}{n} \Sigma F_K$. Nach (8/2) gilt für die Einzelwiderstände R_n

$$R_n = \sqrt{n}\, R_1 .$$

Durch die Parallelschaltung wird der Gesamtwiderstand auf

$$R_K = \frac{R_n}{n} = \frac{R_1}{\sqrt{n}} \tag{8/5}$$

erniedrigt. Eine Verteilung der Kontaktkraft auf mehrere Kontaktstellen bringt also gewisse Vorteile, doch dürfen hierbei die Kräfte auf die einzelnen Kontaktstellen nicht zu klein werden, weil sonst das Entstehen widerstandserhöhender Fremdschichten nicht mehr ausreichend verhindert werden kann.

8.5 Verhalten von Punktkontakten bei Hochstromstößen

Nach Bild 8/2 werden bei einer bestimmten Kontaktspannung, die bei Sn etwa 130 mV, bei Ag und höher schmelzenden Kontaktwerkstoffen etwa 400 mV beträgt, die Kontaktflächen bis zum Schmelzen erhitzt und können unbrauchbar werden. Der Vorgang entspricht hinsichtlich des erforderlichen Stromdichteimpulses für adiabatische Erwärmung nach Abschnitt 5.3 weitgehend dem Schmelzen von Engpässen bei Schmelzleitern. Die Stromdichte ergibt sich aus dem stromdurchflossenen Querschnitt A der Kontaktfläche. Für diese gilt die zugeschnittene Größengleichung

$$\frac{\mathrm{A}}{\mathrm{mm}^2} = \frac{F_K}{10\,\mathrm{N}} : \frac{\mathrm{H}}{10\,\mathrm{N\,mm}^2} . \tag{8/6}$$

Die Zeitkonstante des Vorganges dürfte im Bereich von τ_6 nach Tabelle 5.1 liegen.

Weiterhin erzeugt bei Punktkontakten der Durchgang hoher Ströme elektrodynamische Kräfte, welche die von den Federn ausgeübten Kontaktkräfte schwächen oder gar aufheben. Zusätzlich können je nach dem geometrischen Verlauf der Strombahnen Kräfte entstehen, die Sicherungseinsätze aus ihrer Betriebslage entfernen, wenn sie die ggf. verminderten Reibungskräfte zwischen den Kontaktpartnern überwinden.

Hinsichtlich der Grundlagen der Theorie der elektrodynamischen Beanspruchung wird auf [3/17] verwiesen.

8.6 Langzeitverhalten von Punktkontakten

Der Widerstand von Kontaktstellen soll auch dann praktisch konstant bleiben, wenn sie ohne gegenseitige Relativbewegung für längere Zeit erhöhten Betriebstemperaturen ausgesetzt sind. Etwa zu beobachtende Erhöhungen des Widerstandes beruhen nach Abschnitt 8.1 auf einer Verkleinerung der sich metallisch berührenden Flächen. Eine triviale Ursache wäre das Nachlassen der Kontaktkraft. Sie braucht hier nicht näher behandelt zu werden. Eine andere manchmal unerwartete Ursache können schlecht leitende Fremdschichten im Kontaktbereich sein, die je nach Reaktionsfähigkeit des Kontaktwerkstoffes durch Oxidation mit Luftsauerstoff oder durch Einwirken aggressiver Bestandteile der umgebenden Atmosphäre entstehen. Die Geschwindigkeit der Oxidation unedler Metalle ist bei Temperaturen $\leqq$ 60 °C im allgemeinen klein. Oberhalb der jeweiligen Grenze setzt sie sich beliebig lange fort, wobei die Geschwindigkeit mit der Temperatur stark zunimmt.

Die vorliegenden Normen für NH-Sicherungen, etwa [1/1], enthalten hinsichtlich der mechanischen und elektrischen Dauereigenschaften von Punktkontakten in normaler Atmosphäre offensichtlich nur provisorische Forderungen. Es wird einerseits etwa für Silberoberflächen auch bei unbegrenzter Belastungsdauer keine Einhaltung bestimmter Temperaturgrenzen verlangt. Andererseits werden aber keine Merkmale für Beständigkeit im Betrieb und bei Bedienvorgängen vorgeschrieben, etwa eine Sicherheit gegen unzulässigen mechanischen Abrieb einer galvanisch aufgebrachten Silberschicht.

Bei Prüfungen, wie sie manchmal von Anwendern ausgeführt wurden, kann daher nur versucht werden, durch unmittelbaren Vergleich verschiedener Erzeugnisse die relativ beste Ausführung zu ermitteln. Durch die dabei angewandten Beanspruchungen sollten zwar typische Betriebsvorgänge nachgebildet werden, u. a. durch komplizierte Belastungszyklen mit Ruhezeiten und gelegentlicher Betätigung. Naturgemäß blieben aber die Programme im einzelnen willkürlich. In anderen Fällen erfolgte eine Anzahl kürzerer Überlastungen mit Temperaturanstieg etwa auf 250 °C [8/3].

Die im vorstehenden vorausgesetzte normale Atmosphäre ist nicht immer vorhanden. Aggressive Bestandteile der Luft wirken auch bei niedrigen Temperaturen. Meistens wird es sich um Schwefelverbindungen handeln, die auch Silber angreifen, so daß es hier als Oberflächenschutz ungeeignet ist. Nach vorliegenden Erfahrungen scheint für Temperaturen bis etwa 120 °C unter den üblichen Metallen zum Oberflächenschutz Zinn in geeigneter Schichtdicke den Anstieg des Kontaktwiderstandes am meisten zu verlangsamen.

8.7 Auswirkung von Bedienvorgängen

Bei Einstecken und Herausnehmen von Sicherungseinsätzen mit gefederter Kontaktgabe reiben die Kontaktpartner aneinander. Etwa vorhandene Fremdschichten werden zerstört und die Kontaktwiderstände entsprechen zunächst metallisch reinen Oberflächen. Da aber auch die dem Oberflächenschutz dienenden Schichten mechanisch beansprucht und angegriffen werden, müssen die Kontaktstücke so ausgebildet sein, daß der Oberflächenschutz mindestens an den eigentlichen Kontaktstellen eine ausreichend große Anzahl von Betätigungen aushält. Die mechanische Beständigkeit hängt von verschiedenen Faktoren ab. Negativ wirken:

a) der Flächendruck (Kraft im Verhältnis zur wirklichen Berührungsfläche) während der Bewegung.
b) Die Rauhigkeit der Oberflächen und ggf. auch der Unterlage.
c) Unterschiede in der Härte der Kontaktpartner. Hierzu zählt auch eine Erhöhung der Härte durch lokale Verformung.
d) Bildung von Spänen durch Abrieb als Folge von a) bis c).

Positiv wirkt eine Schmierwirkung von stark verformbaren Oberflächenmaterialien. Silber und Zinn sind günstiger als Kupfer. Nickel und Messing sind ungünstiger. Die Dicke der Oberflächenschicht hat einen vergleichsweise kleineren Einfluß auf die mechanische Beständigkeit.

8.8 Literatur

8/1. Holm, R.; Holm, E.: Electric contacts. Theory and applications (Engl.) 4. Aufl. Berlin, Heidelberg, New York: Springer 1967

8/2. Wollenek, A.: Die Veränderung der Kontaktberührungsfläche bei hohen Temperaturen. Z. Angew. Phys. 12 (1960) 360–364

8/3. Baurmann, K.: Kontakte für NH-Schmelzeinsätze. Felten & Guillaume-Rdsch. Nr. 40 (1955) 372—381

9 Technik der Niederspannungs-Hochleistungssicherungen

9.1 Allgemeines

Wie bereits in Kapitel 2 erwähnt, sind bei Sicherungen für Betriebsspannungen über 100 V besondere Vorrichtungen zur Lichtbogenlöschung erforderlich. Dies bedingt einen mit der Betriebsspannung, mit den Betriebsströmen und mit den auszuschaltenden Strömen steigenden technischen Aufwand. Man pflegt daher diese Sicherungen entsprechend Tabelle 9/1 einzuteilen und die an dritter Stelle genannten Arten wegen ihrer Eignung zum Ausschalten besonders hoher Kurzschlußströme als Niederspannungs-Hochleistungssicherungen zusammenzufassen.
Im folgenden soll gezeigt werden, welche Gesichtspunkte ihre Gestaltung, Bemessung und Herstellung bestimmen.

Tabelle 9/1. Sicherungsarten für Nennspannungen von 100 V und höher

	Verwendungsbereich	Übliche Nennspannungen V	Übliche Nennströme A
1	Geräteschutz	250	0,1 ... 6
2	Hausinstallation und ähnliche Anwendungen	250, 380, 500	6 ... 63
3	Industrie und Stromversorgung, Bahnen und dgl.	500, 660 (WS) bis 3000 V (GS)	16 ... 2000 6 ... 63
4	Hochspannungsnetze	1000 ... 60000 (WS)	6 ... 63

Bauformen und Systeme

Um Sicherungseinsätze an der vorgesehenen Stelle eines Stromkreises verwenden zu können, müssen nicht nur die Formen und Abmessungen der Kontaktstücke, sondern auch bestimmte weitere Maße des Einsatzes und der Einsatzstelle miteinander korrespondieren. Auch sollen sich die Abmessungen nach den elektrischen Anforderungen richten. Aus technischen und wirtschaftlichen Gründen sind daher für häufig gebrauchte Sicherungsarten nach Größen abgestufte Systeme genormt. Die entsprechenden Angaben werden üblicherweise mit „Maßnormen" bezeichnet. Sie enthalten alle nötigen Angaben, damit Erzeugnisse beliebiger Hersteller wenigstens maßlich gegeneinander ausgetauscht werden können. Für Sicherungen, die nur für die Verwendung an bestimmten Stellen vorgesehen sind, muß der Hersteller die nötigen Angaben machen.

Die zur Zeit genormten Systeme von Niederspannungs-Hochleistungssicherungen haben im allgemeinen an den Enden der Schaltkapsel Kontaktstücke etwa in der Form von Laschen oder Messern mit seitlichen Kontaktflächen, bei kleinen Nennströmen manchmal auch aufgesetzte Kappen. Nach der Erzeugung der Kontaktkraft lassen sich zwei Hauptgruppen unterscheiden, je nachdem ob die Kraft durch Verschraubung oder durch Federn erzeugt wird. Die Wahl kann durch besondere betriebliche Beanspruchungen beeinflußt werden. Sie entstehen etwa durch Erschütterungen, korrosionsfördernde Atmosphäre und allgemein durch hohe Kontaktstücktemperaturen infolge hoher Umgebungstemperatur oder relativ hoher Verlustleistung. Hier hat sich das Verschrauben der Kontaktstücke bewährt, und es genügen erfahrungsgemäß die für Flachanschlüsse gleicher Strombelastung üblichen Schraubengrößen. Soweit genügend stabile Stromschienen aus Kupfer oder Kupferlegierungen als Kontaktpartner vorhanden sind und den maßlichen Bedingungen genügen, kann auf besondere Unterteile verzichtet werden.

Für normale Beanspruchung und für Nennströme bis etwa 1250 A lassen sich betriebsbeständige Kontaktverbindungen auch mittels ausreichend und dauerhaft gefederter Kontaktstücke erreichen, wenn einige Erfahrungen berücksichtigt werden. Es können nämlich, abhängig von der Nennverlustleistung, insbesondere bei kleineren Überströmen an den Kontaktstücken relativ hohe Temperaturen entstehen, durch die Kupfer und Kupferlegierungen entfestigt werden. Daher muß die Konstanz der Kontaktkraft, außer bei kleinen Nennströmen, durch besondere, im wesentlichen nicht stromführende Federn erhöhter Temperaturbeständigkeit sichergestellt sein. Ferner müssen kontaktgebende Oberflächen ggf. durch eine stromleitende Schicht entsprechender Temperaturbeständigkeit, etwa Silber, gegen Oxidation geschützt sein (Abschnitt 8.6). Wegen der dort niedrigeren Temperaturen werden zweckmäßig die ortsfesten Kontaktstücke federnd ausgebildet. Die üblicherweise symmetrische Form federnder Kontaktstücke ergibt zwangsläufig wenigstens zwei parallele Kontaktstellen. Die Sicherungseinsätze können durch einfaches Stecken in die Unterteile eingeführt und durch Ziehen aus ihnen herausgenommen werden, so daß die Kontaktkraft nicht von der Sorgfalt des Bedienenden abhängt.

Wird hierzu eine auf das System abgestimmte isolierende Vorrichtung benutzt und werden bestimmte Bauvorschriften und Schutzmaßnahmen beachtet, so kann die Bedienung innerhalb gewisser Grenzen des Schaltvermögens ohne Gefahr auch unter Spannung und unter normalen Betriebsströmen stattfinden. Da NH-Sicherungen nur durch unterwiesenes Personal bedient werden dürfen, im Gegensatz zu Haushaltssicherungen, sehen die Normen keine Maßnahmen vor, durch die eine Verwendung von Sicherungseinsätzen unzulässigen Nennstromes verhindert wird.

Beispiele für Bauformen siehe Bilder 9/1 und 9/2.

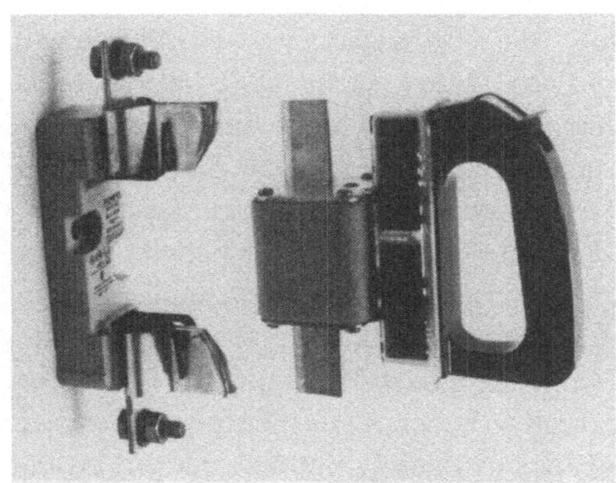

Bild 9/1. Niederspannungssicherung für ausschließliche Bedienung durch ermächtigte Personen. (Beispiel nach DIN 43620, zum Bedienen durch Einstecken.) Von links nach rechts: Sicherungsunterteil, Sicherungseinsatz mit aufsetzbarem Bedienungsgriff

Bild 9/2. Beispiele für Sicherungseinsätze entsprechend Bild 9/1. Von links nach rechts: Größe 00 mit $I_N \leqq 100$ A, Größe 2 mit $I_N \leqq 400$ A, Größe 4a mit $I_N \leqq 1250$ A. (Nenn-Ausschaltvermögen aller Größen > 50 kA.)

Maßnormen für Systeme von NH-Sicherungen siehe Schrifttum.

Sicherheitsanforderungen

Die Erfahrungen bei der Anwendung von Niederspannungs-Hochleistungssicherungen und die technische Weiterentwicklung machten es notwendig, zunächst nationale, später auch internationale Vereinbarungen über die notwendig erscheinenden Mindestanforderungen zu treffen. Soweit dadurch Gefahren bei der Anwendung ausgeschlossen werden sollen, werden die Vereinbarungen als Sicherheitsbestimmungen, Sicherheitsempfehlungen oder Sicherheitsnormen bezeichnet. Sie umfassen hauptsächlich:

— Einheitliche Kennzeichnung der Eigenschaften,
— Normung bestimmter Eigenschaften,
— Verwendungsbereiche,
— Betriebssicherheit,
— Funktionssicherheit,
— Prüfungen zum Nachweis der Eigenschaften.

Wegen der zahlreichen Einzelheiten muß auf die betreffenden Normen verwiesen werden, siehe Schrifttum.

Sicherungen mit bestimmten Eigenschaften

Wenn ein Sicherungstyp oder eine Sicherungsreihe entwickelt werden soll, muß der Auftraggeber die gewünschten technischen Eigenschaften vollständig bekanntgeben und ausreichend präzisieren.

Eigenschaften können jedoch nicht beliebig kombiniert werden, wie ein einfaches Beispiel zeigt. Es sei angenommen, daß ein Sicherungseinsatz eines erhöhten Nennstromes verlangt wird, die Abmessungen aber durch eine Norm begrenzt sind. Diese beiden Anforderungen können vielleicht noch gleichzeitig erfüllt werden. Wahrscheinlich ist aber das gleiche obere und/oder untere Schaltvermögen wie bei den in der Norm vorgesehenen Nennströmen nicht zu erreichen oder nur dann, wenn ein Schmelzleiter verwendet wird, der eine höhere Verlustleistung als die zugelassene erzeugt und/oder die vorgesehene $t(I)$-Kennlinie nicht ergibt.

Die Liste der gewünschten Eigenschaften muß daher auch eine Rangfolge aller Eigenschaften und Toleranzen enthalten.

Für die einzelnen Teile handelt es sich in der Hauptsache um folgende Angaben:

Sicherungseinsätze

— Besondere betriebliche Beanspruchungen, z. B. Erschütterungen, atmosphärische Einflüsse, abweichende Umgebungs- und Kontaktstellentemperaturen;
— Form und Abmessungen der Kontaktstücke, sonst korrespondierende Maße der Unterteile oder der ortsfesten Kontaktstellen;
— Abmessungen der Schaltkapsel (Größtmaße);
— Abmessungen von Teilen zur Handhabung, falls erforderlich;
— Lage, Form und ggf. weitere Eigenschaften eines Anzeigers;
— elektrische Kennwerte:
  — Stromart und Frequenz, Nennspannung, Nennstrom, Schaltvermögen (ggf. Schaltbereich), Schmelzzeit-Kennlinie bzw. Zeit-Strom-Bereich,

ggf. I_{nf} und I_f mit Prüfdauer t_c, ggf. Schmelzimpuls und Ausschaltimpuls;
- zulässige Verlustleistung oder zulässige Übertemperatur;
- Beständigkeit gegen bestimmte betriebliche Überlastungen.

Sicherungsunterteile

- Vorgesehene Verwendung, ggf. besondere betriebliche Beanspruchungen; Form und Maße der Anschlüsse und der anzuschließenden Leiter;
- vorgesehene Handhabung der Sicherungseinsätze (z. B. Anschrauben oder Einstecken);
- Form und Maße der aufzunehmenden Sicherungseinsätze, insbesondere der Kontaktstücke;
- Betriebslage;
- größte Einbaumaße unter Berücksichtigung der Bedienung und der Betriebslage der vorgesehenen Sicherungseinsätze;
- bei Kontaktstücken zum Einstecken Kräfte zur Bedienung der Einsätze;
- elektrische Kennwerte:
  - Polzahl, Stromart und Frequenz, Nennspannung, Nennstrom, elektrodynamische und elektrothermische Festigkeit, zulässige Verlustleistung der Sicherungseinsätze;
  - zulässige Umgebungstemperatur und Beständigkeit gegen bestimmte betriebliche Überlastungen.

Konkrete Foderungen sind insoweit entbehrlich, wie auf eine bestimmte Norm Bezug genommen wird.

Die folgenden Abschnitte enthalten einige Erläuterungen.

9.2 Sicherungseinsätze

Abmessungen

Die Abmessungen der Schaltkapseln müssen Nennspannung, Nennstrom und Ausschaltvermögen berücksichtigen. Nach Möglichkeit wird man vorhandene Normen unverändert benutzen; andernfalls von Normen und vorhandene Typen ausgehen. Hinsichtlich der Kontaktverbindungen siehe Kapitel 8.

Nennspannung

Die Nennspannung ist die Grundlage der Prüfspannungen sowohl der Isolationsfestigkeit als auch des Schaltvermögens und der damit verbundenen Eigenschaften, nämlich der Lichtbogenzeit, des Ausschaltimpulses und der Strombegrenzung. Sie bestimmt die erforderliche Länge und Ausbildung des Schmelzleiters und dadurch praktisch die Länge des Schaltraumes (Abschnitt 6.7, 6.8).

Nennstrom

Der Nennstrom einer Sicherung wird in der Regel durch zwei voneinander unabhängige Bedingungen eingegrenzt. Im allgemeinen darf eine bestimmte Nennverlustleistung des Sicherungseinsatzes bzw. eine bestimmte Übertemperatur an den Anschlüssen des Unterteiles oder des Einsatzes nicht überschritten werden. Alle Sicherungseinsätze müssen außerdem bestimmte mäßige Überströme eine gewisse Zeitspanne aushalten. Sicherungseinsätze für Leitungsschutz müssen bei einem etwas erhöhten Strom spätestens innerhalb einer bestimmten Zeitspanne unterbrechen, vgl. die betreffenden Normen.

Das Verhalten der Sicherungseinsätze beruht einerseits auf dem fast stationären Wärmefeld, das sich infolge des Belastungsstromes einstellt, andererseits auf der Abschmelztemperatur des Schmelzleiters. Der geometrische Verlauf des Wärmefeldes hängt ab nicht nur von der Verteilung des elektrischen Widerstandes entlang dem Schmelzleiter, im Unterteil und in den angeschlossenen Leitern, sondern auch von der Verteilung aller den Wärmeaustausch bestimmenden Größen (Abschnitt 3.3). Von besonders großem Einfluß sind Länge, Profilierung, Querschnitt und Oberfläche des Schmelzleiters und die Querabmessungen der Schaltkapsel.

Wegen der Vielzahl der Einflußgrößen ist es nicht möglich, allgemein gültige Angaben für die Bemessung von Schmelzleitern mit bestimmten Unterbrechungsströmen zu machen, auch nicht annähernd. Soweit im Einzelfall Berechnungen möglich sind, erfordern sie einen erheblichen Aufwand. In der Praxis geht man daher so vor, daß man im Hinblick auf andere geforderte Eigenschaften, z. B. Schaltvermögen und Schmelzimpuls, eine geeignete Form des Schmelzleiters wählt und für willkürliche Querschnitte die Unterbrechungsströme durch Versuch ermittelt. Die notwendigen Querschnitte für bestimmte Unterbrechungsströme lassen sich dann durch Variation unter Berücksichtigung des Dauerstromes (Abschnitt 5.2) finden. Wegen des erheblichen Wärmeaustausches sind dabei die notwendigen bzw. vorgeschriebenen Leiterquerschnitte zu beachten.

Ausschaltvermögen

Um mit begrenztem mechanischen Aufwand für die Schaltkapsel eine hohe obere Grenze des Ausschaltvermögens zu erzielen, müssen die Drücke auf die Innenwand der Schaltkapsel so klein wie möglich bleiben. Besonders wichtig ist dieser Gesichtspunkt für Sicherungseinsätze höheren Nennstromes, da der Querschnitt eines bestimmten Schmelzleitertyps mehr als proportional zum Nennstrom wächst. Geeignet sind Schmelzleiter mit Strombegrenzung auf relativ niedrige Werte durch mehrere Engpässe in Serie, wobei die günstigen Auswirkungen auf die Strombegrenzung und die Lichtbogenspannung gegen die nicht zu vermeidende Erhöhung des Schmelzleiterquerschnittes abzuwägen sind (Abschnitt 3.2). Das Schaltverhalten bei geringeren Überströmen ist ebenfalls zu beachten (Abschnitt 6.7). Auch können je nach der konstruktiven Ausführung zusätzliche Prüfungen in Strombereichen erforderlich werden, die in den Normen nicht vorgesehen sind. Allgemein ist ein Schmelzleiterprofil mit großem Verhältnis Umfang: Querschnitt zweckmäßig (Abschnitt 6.8).

Zeit-Strom-Kennlinien und Kennlinienbereiche

Im Bereich sehr kurzer Schmelzzeiten ist ein bestimmter Verlauf der Zeit-Strom-Kennlinie durch eine entsprechende Bemessung des adiabatischen Schmelzimpulses zu erreichen, vgl. folgenden Abschnitt. Im Bereich etwas längerer Zeiten kann der Verlauf durch die Höhe des Wärmeausgleichs-Widerstandes zwischen den engsten Stellen und den benachbarten Teilen des Schmelzleiters, bei noch längeren Zeiten auch durch die Wärmekapazität der Schmelzleiterteile zwischen Engpässen erheblich beeinflußt werden (Abschnitt 3.3). Schmelzzeiten im Zeitbereich >1 s werden zunehmend durch den Wärmeausgleich mit der Wärmekapazität der übrigen Teile des Sicherungseinsatzes verlängert. Der Ausgleich läßt sich mittels des Wärmeleitwertes der Löschsandfüllung beeinflussen und durch Wahl von Schmelzleiterprofilen mit größerem Verhältnis Umfang: Querschnitt steigern.

Eine weitere Verlängerung der Schmelzzeiten >1 s erreicht man durch Verwendung stärkerer Schmelzleiterquerschnitte unter gleichzeitiger Herabsetzung des Abschmelzstromes durch Wirkstoffe, vgl. Abschnitt 4.3.

Schmelzimpuls, Ausschaltimpuls, Strombegrenzung

Ein vorgegebener Wert des adiabatischen Schmelzimpulses läßt sich im allgemeinen nur mittels besonderer Engpässe erreichen. Die erforderliche Bemessung an der engsten Stelle geht aus Abschnitt 5.3 hervor.

Ist ein Größtwert des Ausschaltimpulses vorgegeben, so darf der Impulsanteil der Lichtbogenzeit die Differenz der Impulswerte für Ausschaltzeit und Schmelzzeit nicht übersteigen. Um einen vorgegebenen Größtwert des Ausschaltimpulses nicht zu überschreiten, soll der Wert für die Schmelzzeit erfahrungsgemäß $<50\%$ des Wertes für die Ausschaltzeit sein, und es muß etwa durch eine ausreichende Anzahl von Engpässen in Serie die zur Strombegrenzung und zur Begrenzung der Lichtbogenzeit erforderliche Lichtbogenspannung erzeugt werden. Soweit dies nicht möglich ist, muß der Anteil des Schmelzimpulses weiter verkleinert werden.

Wird eine Strombegrenzung auf bestimmte Werte gefordert, so ergibt sich der Zusammenhang mit dem einzuhaltenden Schmelzimpuls aus Abschnitt 5.5. Darüber hinaus muß die Lichtbogenspannung größer als die Quellenspannung sein (Abschnitt 7.2). Die hierfür anwendbaren Mittel sind die gleichen wie zur Begrenzung des Ausschaltimpulses. Da aber die nötige Lichtbogenspannung eine bestimmte Lichtbogenlänge voraussetzt, muß die hierfür notwendige Zeit unter Umständen durch Wahl kleinerer Werte des Stromes im Abschmelzaugenblick berücksichtigt werden.

Nennverlustleistung

Werden relativ niedrige Werte der Nennverlustleistung gefordert, so muß die Abschmelztemperatur z. B. mittels Wirkstoffen herabgesetzt und der Bereich der höchsten Temperatur auf die Nähe der vorgesehenen Abschmelzstelle beschränkt werden. Die übrigen Bereiche des Schmelzleiters und andere stromführende Teile des Sicherungseinsatzes sollen keine unnötig hohen elektrischen Widerstände haben und die für die Wärmeableitung maßgeblichen Wärmewiderstände aller anderen Teile sollen nicht unnötig klein sein.

Betriebsbeständigkeit

Betriebsbeständigkeit von Schmelzleitern ($t(I)$-Kennlinienbeständigkeit) siehe Abschnitt 4.3. Betriebsbeständigkeit von Kontaktverbindungen zwischen Sicherungseinsätzen und Unterteilen siehe Abschnitte 8.3 und 8.4.

Innere Kontaktverbindungen für höhere Dauerbelastung etwa zwischen Schmelzleitern und äußeren Kontaktstücken, sind erfahrungsgemäß nur dann betriebsbeständig, wenn sie durch Schweißen oder Hartlöten, nicht aber durch Druck oder Verschraubung erzeugt werden.

Bemessung des Schaltraumes und der Schaltkapsel

Im Gegensatz zu den Verhältnissen bei Hochspannungssicherungen besteht bei Niederspannungssicherungen im allgemeinen keine Veranlassung, die Länge des Schaltraumes kleiner als die zur Löschung erforderliche Länge des Lichtbogens zu machen. Die dort übliche Anordnung der Schmelzleiter (Wendelung oder andere erhebliche Umlenkungen) wäre bei den meist größeren Nennströmen der Niederspannungssicherungen nicht unterzubringen.

Die Schmelzleiter werden vielmehr im wesentlichen gestreckt angeordnet. Der Schaltraum muß daher so lang sein, daß die zu erwartenden Sinterkörper mit Sicherheit vollkommen von Löschsand umgeben sind.

Der Querschnitt des Schaltraumes ergibt sich daraus, daß gegebenenfalls mehrere parallele Teilschmelzleiter annähernd gleichmäßig verteilt werden müssen. Die einzelnen Sinterkörper müssen sich ohne gegenseitige Behinderung frei ausbilden können (Abschnitt 6.4). Soweit nicht für die Schaltkapsel hoch temperatur- und temperaturwechselbeständiges Material verwendet wird, muß zwischen den Sinterkörpern und der Schaltkapsel eine den Wärmeausgleich abflachende Sandschicht vorgesehen werden, deren Dicke wenigstens gleich der vollen zu erwartenden Dicke eines Sinterkörpers ist.

Eine Unterteilung des Schaltraumes in mehrere parallele Einzelkammern oder eine Verteilung auf mehrere parallele Schaltkapseln ist in elektrischer Hinsicht ohne Einfluß.

Die Schaltkapsel muß während des Ausschaltvorganges und danach die Kontaktstücke voneinander voll isolieren. Alle Teile der Schaltkapsel müssen die mit wachsendem Ausschaltstrom auch oberhalb des Schwellenwertes

(S. 57) weiter wachsende Druckspitze aushalten können, ohne daß Explosion oder unzulässige Verformungen entstehen, auch bei den betrieblich zu erwartenden Temperaturen. Dies bedingt bestimmte Materialeigenschaften, siehe Abschnitt 9.4. Zur Höhe der zu erwartenden Drucke vgl. Abschnitt 6.4.

9.3 Unterteile

Hinsichtlich der Kontaktgabe zwischen Unterteilen mit gefederten Kontaktstücken und Sicherungseinsätzen wird auf die Behandlung der Grundlagen in Kapitel 8 verwiesen.

Bei der konstruktiven Gestaltung der Unterteile erfordert die Kombination mit Sicherungseinsätzen beliebiger Hersteller den Ausgleich relativ großer geometrischer Toleranzen. Es muß berücksichtigt werden, daß sowohl bei den einzusteckenden Sicherungseinsätzen als auch bei den Unterteilen etwa vorhandene ebene Kontaktflächen in der Regel nicht miteinander fluchten. Es kann dann kein Flächenkontakt entstehen, sondern es kommt zu einer Berührung mit voller Kontaktkraft nur auf einer Kante oder gar nur auf einem Punkt mit der Folge eines wesentlich erhöhten Flächendruckes. Der Oberflächenschutz wird an der für das betriebliche Verhalten maßgeblichen Stelle des Unterteiles während der Bedienvorgänge von Sicherungseinsätzen mechanisch übermäßig beansprucht und seine Lebensdauer verringert. Vorbeugende Maßnahmen sind in Abschnitt 8.7 erwähnt.

Durch die Unterteile sollen die im Betrieb spannungführenden Teile (Anschlüsse, Kontaktstücke und Sicherungseinsätze) für die Nennspannung gegen Erde oder Masse isoliert werden, bei mehrpoligen Unterteilen auch die zu verschiedenen Polen gehörenden Teile gegeneinander und stets die Anschlüsse gegeneinander, auch während eines Bedienvorgangs.

Diese Anforderungen müssen auch bei der Verwendung von Sicherungseinsätzen mit Größtmaßen unter Berücksichtigung der zu erwartenden Einbautoleranzen erfüllt sein. Eine Sicherheit gegen gefährliche Überbrückung von Teilen mit verschiedener Spannung kann durch isolierende Zwischenwände ausreichender Wärmebeständigkeit erreicht werden.

9.4 Werkstoffe für Sicherungen

Ausgangsmaterialien für Schmelzleiter

Unter sonst gleichen Umständen hängt die Temperatur der Abschmelzstelle von der Verlustleistung $P = I^2 R$ des Schmelzleiters ab. Wenn für eine gegebene konstruktive Ausführung bei einem bestimmten Strom die Abschmelztemperatur gerade erreicht werden soll, muß der Schmelzleiter einen bestimmten elektrischen Widerstand haben. Gleichmäßige Eigenschaften eines Sicherungseinsatztyps sind also nur erreichbar, wenn die Abmessungen des Schmelzleiters und insbesondere der spezifische Widerstand des Ausgangsmaterials innerhalb enger Grenzen liegen.

Bei den im allgemeinen verwendeten fast reinen Metallen wird der spezifische Widerstand bereits durch geringe Fremdanteile relativ stark erhöht, so daß dem Hersteller des Halbzeuges die Beschaffung von eng toleriertem Ausgangsmaterial erschwert ist. Üblicherweise läßt man daher zu, daß Abweichungen des spezifischen Widerstandes innerhalb gewisser Grenzen durch Abweichungen des Querschnittes der Drähte oder Bänder kompensiert werden.

Als kennzeichnende Eigenschaft gilt die Einhaltung bestimmter Toleranzen des längenbezogenen Widerstandes. In der Praxis läßt man z. B. für Schmelzbänder, aus denen Schmelzleiter gestanzt werden sollen, eine Toleranz der Dicke über die Gesamtbreite von $\pm 10\%$ zu, für den elektrischen Widerstand dieser Bänder nur $\pm 5\%$. Die übliche Meßlänge ist 1 m. Bei der Messung des Widerstandes müssen der Härtezustand und der Temperaturkoeffizient des spezifischen Widerstandes berücksichtigt werden. Angenäherte Materialwerte für Berechnungen von Sollwerten des längenbezogenen Widerstandes können etwa aus Tabelle 8/1 entnommen werden.

Umhüllung und Isolation

Die nach Abschnitt 9.2 erforderlichen Eigenschaften der Schaltkapsel bedingen die Verwendung eines isolierenden Materials mit relativ hoher mechanischer Festigkeit, die auch nach längerer Beanspruchung mit den betrieblich möglichen Temperaturen erhalten bleibt. Höhere Temperaturen entstehen durch langzeitige Belastung im Bereich der kleinsten Unterbrechungsströme, durch Behinderung der Wärmeableitung und durch Einwirkung benachbarter Wärmequellen, z. B. anderer Sicherungen, ferner am Sicherungseinsatz selbst durch höhere Verlustleistung bei gegebenen Abmessungen. Letzterer Einfluß kann durch Wahl größerer Abstände zwischen Schmelzleiter und Schaltkapsel abgeschwächt werden. Aus den angedeuteten Gründen müssen die auftretenden Temperaturen von Fall zu Fall festgestellt werden, soweit nicht für genormte Systeme und genormten Einbau Erfahrungswerte vorliegen.

Keramische Isolierstoffe sind zwar gegen alle betriebsmäßig zu erwartenden Temperaturen beständig und können mit bestimmten Mindestwerten der Zugfestigkeit hergestellt werden. Infolge ihrer geringen elastischen Verformbarkeit können jedoch indirekt Schwierigkeiten entstehen durch zusätzliche Materialspannungen bei der Wärmeausdehnung metallener Verschlußteile oder durch ungleichmäßige Erwärmung infolge zu geringen Abstandes von Schmelzleitern oder Sinterkörpern, bei sehr hoher Verlustleistung auch durch die Wärmeausdehnung von Teilen des Löschsandes. Sind keine größeren Abstände möglich, so kann z. B. eine hochfeste Oxidkeramik mit höherer Wärmeleitfähigkeit Abhilfe bringen.

Bei der Verwendung von Formstoffen muß die vergleichsweise geringere thermische Stabilität berücksichtigt werden. Andererseits lassen sich Sicherungseinsätze leicht so gestalten, daß außer den Kontaktstücken keine weiteren Teile der Oberfläche im Betrieb Spannung führen und so bei der Handhabung eine erhöhte Sicherheit gegen unzulässige Berührung und gegen Überbrückung von Isolationsstrecken besteht.

Löschsand

Nach den Abschnitten 6.4 bis 6.6 und allgemeinen Erfahrungen ist natürlicher (nicht gebrochener oder gemahlener) Kristallquarzsand (SiO_2) mit rundlichen Körnern unter den in Betracht kommenden Materialien für die Löschung von Lichtbögen in Sicherungen besonders geeignet. Etwa vorhandene Modifikationen von SiO_2 haben praktisch keinen Einfluß [9/1]. Erforderlich ist eine technisch reine Beschaffenheit ohne hygroskopische Anteile. Organische Bestandteile sollen durch Glühen zwischen 600 und 800 °C zerstört und verflüchtigt sein. Der Gehalt an Fremdstoffen soll insgesamt <0,5 % sein, davon Al_2O_3 mit TiO_2 < 0,3 %, CaO mit MgO < 0,1 %, Fe_2O_3 < 0,05 %. Die Korngröße soll Siebweiten von 0,1 bis 0,5 mm entsprechen, mit einem Mittelwert entsprechend etwa 0,25 mm.

Die Wärmeleitfähigkeit trockenen Quarzsandes hängt von der Form der Körner, von der Korngröße, von der Temperatur und selbstverständlich vom Füllgrad ab. Es ist daher zu erwarten, daß Literaturangaben bzw. Meßwerte gewisse Unterschiede zeigen, siehe auch Tabelle 9/2.

Tabelle 9/2. Wärmeleitfähigkeit von verdichtetem Löschsand (SiO_2)

Korngrößenbereich [a] (Siebweiten) mm	Temperatur °C	Wärmeleitfähigkeit $W\,m^{-1}\,K^{-1}$	Quelle
0,2 ... 0,5	120 ... 400	≈0,44	[3/3]
0,2 ... 0,5	20	0,36	Messungen
	200	0,42 [b]	des Verfassers

[a] Begrenzt durch die angegebenen Siebweiten
[b] Mit zunehmender Temperatur näherungsweise linear steigend

9.5 Literatur

9/1. Hibner, J.: Zur Untersuchung des Lichtbogenlöschvermögens von Quarzsand in Niederspannungs-Schmelzsicherungen. Elektrie 25 (1971) 103–104

10 Sicherheitsbestimmungen und Maßnormen (Auszug)

Internationale Normen

IEC-Publication 269-1

Low-voltage fuses. Part 1: General requirements, 1st ed. (1968), reprinted in (1973)

IEC-Publication 269-2

Low-voltage fuses. Part 2: Supplementary requirements for fuses for industrial applications, 1st ed. (1973)

IEC-Publication 269-2A

First supplement to Publication 269-2 (1973)
Low-voltage fuses. Part 2: Supplementary requirements for fuses for industrial applications. Appendix A: Examples of standardized fuses for industrial applications (1975)

IEC-Publication 269-4

Low-voltage fuses. Part 4: Supplementary requirements for fuse-links for the protection of semiconductor devices, 2nd ed. (1980)

Deutsche Normen

VDE 0636 Teil 1

VDE-Bestimmung für Niederspannungssicherungen bis 1000 V Wechselspannung und bis 3000 V Gleichspannung. Allgemeine Festlegungen (August 1976)

VDE 0636 Teil 2

VDE-Bestimmung für Niederspannungssicherungen bis 1000 V Wechselspannung und bis 3000 V Gleichspannung. NH-System, Leitungsschutzsicherungen bis 1250 A und 500 $V_{\sim}$, 440 V_{-} sowie 600 $V_{\sim}$ (August 1976)

VDE 0680 Teil 4

Körperschutzmittel, Schutzvorrichtungen und Geräte zum Arbeiten an unter Spannung stehenden Teilen bis 1000 V. NH-Sicherungsaufsteckgriffe [VDE-Bestimmung] (November 1980)

DIN 43620 Teil 1

Niederspannungs-Hochleistungs-Sicherungen mit Kontaktmessern 500 und 660 V Wechselspannung und 440 V Gleichspannung. NH-Sicherungseinsätze (Mai 1978)

DIN 43620 Teil 3

Niederspannungs-Hochleistungs-Sicherungen mit Kontaktmessern 500 und 660 V Wechselspannung und 440 V Gleichspannung. NH-Sicherungsunterteile (Mai 1978)

DIN 43620 Teil 4

Niederspannungs-Hochleistungs-Sicherungen mit Kontaktmessern 500 und 660 V Wechselspannung und 440 V Gleichspannung. Maße des Aufsetzteiles von NH-Sicherungsaufsteckgriffen der Größen 00 bis 3 (September 1981)

DIN 43623

Niederspannungs-Hochleistungs(NH)-Sicherungsleisten 660 $V_{\sim}$ 100 bis 630 A. Dreipolig für Befestigung auf Sammelschienen (Mai 1981)

Ergänzende Literatur

Schmelcher, T.: Aus der Entwicklung der Überstromsicherung. Elektrotechnik (1965) 458–463

Turner, H. W.; Turner, C.: Cartridge fuse developments (Engl.). Electr. Rev. (GB), (1971) 663–666

Möllenhoff, K.: NH-Sicherungseinsätze der Betriebsklasse aM. Siemens-Z. 48 (1974) 577–581

Möllenhoff, K.: Schutz von Kabeln und isolierten Leitungen durch Leitungsschutz-Sicherungen. Elektrotech. Z. (ETZ-B) 27 (1975) 569–570

Olenik, H.: Schmelzsicherung-Systeme. Elektrotech. Z. (ETZ-B) 27 (1975) 557–559

Möllenhoff, K.: Selektivitätsanforderungen an NH-Sicherungen nach VDE 0636 in Strahlennetzen. Elektrotech. Z. (ETZ-B) 28 (1976) 803–805

Möllenhoff, K.; Pohl, L.: Neue Reihe von NH-Sicherungseinsätzen nach VDE 0636. Siemens-Z. 50 (1976) 486–492

Bobrowski, H.: Neue VDE-Bestimmungen für D- und DO-Schraubsicherungen. der elektromeister + deutsches elektrohandwerk/de (1977) 1169–1171

Egyptien, H.: Die Sicherung als Schaltorgan in Niederspannungsstromkreisen. der elektromeister + deutsches elektrohandwerk/de (1977) Heft 15

Möllenhoff, K.: Kennlinienbeständigkeit von NH-Sicherungen. Elektrotech. Z. (ETZ-B) 29 (1977) 361–362

Behse, G.: Einfluß von Schmelzleiter und Lotwerkstoff auf das Verhalten von Sicherungsschmelzleitern im Überlastbereich. Elektrotech. Z. 100 (1979) 1516–1518

Turner, H. W.; Turner, C.: Interpreting the fuse manufacturers' data (Engl.). Electrical Times (GB), (1979) January 26, S. 6–8

Bobrowski, H.: DO-Schalter-Sicherungs-Einheit. Elektrotech. Z. (ETZ) 102 (1981) 1277–1278

Sachverzeichnis

Der Elektrounfall

Herausgeber: **K. Brinkmann, H. Schaefer**
Unter Mitarbeit von zahlreichen Wissenschaftlern
Redaktion: S. Buntenkötter, J. Jacobsen

1982. 91 Abbildungen, 54 Tabellen.
XVIII, 324 Seiten. Gebunden DM 128,-.
ISBN 3-540-11003-8

Inhaltsübersicht: Einleitung. - Grundlagen der Energieversorgung. - Statistik des Stromunfalls. - Der nichttödliche Unfall. - Der tödliche Unfall. - Therapie des Elektrounfalls. - Die Unfallpersönlichkeit. Fragen der Unfallbegutachtung. - Sicherheitsanforderungen an elektrische Anlagen. - Sicherheit beim Arbeiten an elektrischen Anlagen. - Monographische Literatur zum Elektrounfall. - Sachverzeichnis.

Eine Monographie über den Elektrounfall und seine Grenzgebiete, insbesondere die Gefährdung des Menschen durch neue elektrische Stromformen, fehlte bisher im deutschen Schrifttum. Die zunehmende Anwendung des elektrischen Stroms in Industrie und Privatbereich lassen den Elektrounfall als ein in vieler Hinsicht besonderes Problem erscheinen.
Eine interdisziplinäre Arbeitsgruppe von Medizinern und Wissenschaftlern aus der Elektrotechnik hat die Physikotoxizität neuer elektrischer Stromformen am Modelltier Jungschwein erprobt. Die gewonnenen Erkenntnisse werden mit den internationalen und nationalen Sicherheitsvorschriften zu Sicherheitskennlinien transformiert. Daraus ergibt sich eine umfassende Zusammenstellung der Präventiv- und Sicherheitsmaßnahmen. Erste-Hilfe-Maßnahmen, Fragen der Unfallpersönlichkeit und Unfallbegutachtung sowie eine Darstellung rechtlicher Grundlagen für die Verhütung von Stromunfällen.
Damit wird zum ersten Mal das außerordentlich heterogene Sachgebiet der Elektrounfall- und Elektrogefährdungsforschung in Buchform zusammengestellt.

Springer-Verlag
Berlin
Heidelberg
New York